SMART K-DIET

건강한 체중조절을 위한 맞춤영양

함께 나눔을 위한 명상

우리는 빈 손으로 태어나서 빈 손으로 죽습니다.

이 지구상에 풍요와 빈곤이 공존해서
비만이 문제시 되는가 하면
굶어 죽는 어린 아이들도 많답니다.

우리가 음식을 먹기 전에
음식물을 소중히 하는 마음으로
먹을 만큼만 덜어서 남김없이 먹는 것이
음식물 쓰레기를 줄여서
이 지구를 살리는 환경친화적 행동입니다.

우리 모두 함께 음식을 골고루 나누어 먹는다는 좋은 마음과
꼭 필요한 열량과 영양소를 알맞게 섭취한다는 지혜로
심신의 균형을 찾는 명상을 해봅시다.

자기만의 개성과 건강한 삶을 위한 맞춤 체중조절 전략 세우기

영양학자로서 건강을 나누어 주고 싶다는 오랜 꿈이 21세기와 함께 열린 인터넷 세상에서 이루어져서 '건강한 체중조절을 위한 맞춤영양' 강의를 통해 대학생들에게 맞춤영양상담을 제공한지도 벌써 15년이 훌쩍 넘었습니다.

건강한 삶의 실천을 위하여 과학적 근거에 기초한 올바른 영양정보(evidence-based nutrition)의 필요성을 절감하고, 건강한 체중조절을 위한 맞춤영양정보로서 새로운 패러다임이 되고자 2004년에 《건강한 체중조절을 위한 맞춤영양정보》를 출간하였고, 스마트 기기 시대에 smart하고 eco-friendly한 맞춤형 건강 다이어트 책을 만들고자 10년 만인 2014년에 《SMART K-DIET Best Seller+ 》를 출간하게 되었습니다.

제목의 Seller+는 각 장의 내용을 함축적으로 표현한 것인데, S는 smart의 약자로 스마트 기기를 이용하여 좀 더 쉽고 재미있게 행복한 다이어트를 할 수 있도록 도움을 주고자 하였습니다. e는 eco-friendly로 올바른 다이어트를 위한 기본적인 영양과 건강정보를 다루었습니다. 첫 번째 l은 lotus, 친환경식물인 연꽃의 이미지를 다이어트와 연결하여 육체적 · 정신적 아름다움을 추구하고자 하였습니다. 이 장에서는 개개인의 비만 여부를 진단하고 맞춤 체중조절 KAP(Knowledge, Attitude, Practice) 전략을 세우도록 하였고, 명상을 통해 온 우주에 하나밖에 없는 자유롭고 맑고 아름다운 영혼의 주인공이 되고자 하였습니다. 두 번째 l은 lean의 약자로 실천하기 쉬운 맞춤운동으로 스트레칭, 요가, 파워워킹 등을 사진 및 그림과 함께 제시하였고, e는 eat delicious, 맛있게 먹으면서 체중조절하는 데 꼭 알아야 할 컬러푸드, 식이섬유소, 싱겁게 먹기에 대해 소개하였습니다. r은 recipe로 전통 한식 재료인 연(lotus) 등의 다양한 친환경 식재료를 이용한 저열량 한식 recipe를 제공하였고, 국가공인조리기능장의 조리과정 동영상도 QR

코드를 통해 연계하였습니다. +(plus)는 건강한 체중조절을 위한 실천내용과 인터넷 체중조절 상담을 통해 자주 묻고 답한 내용을 제시하여 독자 스스로 문제해결에 도움이 되고자 하였습니다. 부록으로는 맞춤 체중조절 전략의 실천을 위해 일기형식으로 자신의 체중, 섭취한 음식과 운동 등을 기록하며 점검해 보도록 하였고, 최신 식품성분표로 1인 1회 섭취분량별 식품의 영양가, 음식의 영양가, 운동의 에너지 소모량 등도 제시하여 식품선택 및 실천일기 작성 시 활용하도록 하였습니다.

이 책이 나오기까지 《21세기 영양학》, 《21세기 영양학원리》, 《교양인을 위한 21세기 영양과 건강 이야기》 집필을 통해 올바른 뜻을 세울 수 있도록 격려를 아끼지 않았던 최혜미 은사님께 고마움을 전합니다. 은사님께서 가르쳐 주셨듯이 인연이 깊은 제자들과 함께 이 책을 마련할 수 있어서 행복함을 느낄 수 있었습니다. 늘 기도로 딸을 지켜 주시는 백살공주 98세 노모, 부지런한 남편 김성훈 교수, 아들 강희와 딸 은희에게 자리이타 대승구현의 길을 함께 가는 가족의 사랑과 고마움으로 이 책을 바칩니다.

그동안 교재 출간을 위해 물심양면으로 도움을 주신 파워북 유제구 사장님을 비롯하여 김재원 전무님과 편집부 여러분들께 진심으로 감사드립니다.

끝으로, 올바른 실천을 통한 건강저축은 이를수록 좋으며, 모든 사람들이 음식을 소중히 하는 마음으로 날마다 행복하고 건강하기를 빕니다.

2017년 9월

대표저자 장경자(張守延) 올림

머리말 4

Chapter 1 Smart

스마트 기기 이용 다이어트 시작하기

스마트폰 앱 이용하기 15

스마트폰을 더욱 '스마트'하게 15

다이어트 할 때 이용하면 좋은 앱들 15

QR코드 이용하기 16

QR! 빠른 응답! 바코드보다 활용성과 정보성에서 앞선 코드체계 16

좀 더 자세하게 알고 싶으면 관련 사이트에 바로 링크 16

SNS 이용하기 17

체험 공유 및 자조모임 결성 17

앱의 편리성과 SNS의 공유성이 결합된 소셜 다이어트 18

인터넷정보 이용하기 19

인터넷정보 나들이 19

공인된 비영리 전문가단체 19

인터넷정보 이용 시 주의사항 22

Chapter 2 Eco Friendly

영양 · 건강정보

영양정보 27

탄수화물 27

지방 29

단백질 30

비타민과 무기질 31

물 35

건강정보 36
세계 10대 슈퍼푸드 36
한국인을 위한 식생활지침 38
식품구성자전거 43
식품첨가물 43
건강기능식품 44
영양표시제 44

Chapter 3 Lotus

연꽃처럼 아름다운 몸과 마음 만들기

비만에 대해 공부하기 47
비만의 정의 47
비만의 종류 48
비만의 원인 50
비만 관련 건강문제 56

내 몸의 상태 파악하기 63
비만판정 63
나는 비만일까 66

다이어트 전략 세우기 72
다이어트 성공을 위한 필수 개념 72
함께 아름다워지기 75
건강한 체중조절을 위하여 77

간단하게 체중조절하기 81
감량식이의 종류 및 특징 81
유행 다이어트 83
날씬이 식품 고르기 89
날씬이 식품 만들기 95

아름다운 마음 만들기 97
잘못된 다이어트로 인한 마음의 병 97
스트레스 조절하기 99
명상하기 102

맞춤식이요법 113
체중감량 목표 및 구체적인 식사계획 113
내가 만드는 식단 116
맞춤 날씬이 전략 128

맞춤운동요법 131
운동의 중요성 131
언제, 어떻게 운동할까 135
내 몸에 맞는 운동 139

실천하기 쉬운 맞춤행동수정 따라하기 144
자기감시 144
자극조절 147
보상 149

Chapter 4 Lean

실천하기 쉬운 맞춤운동 따라하기

스트레칭 따라하기 155
잠에서 깨면서 155
이불 위에서 156
아침 일과를 시작하며 157
오후 일과를 하며 160
늦은 오후 하루를 정리하며 162
잠자리에 들기 전 164

요가 따라하기 165
요가의 기본 165
다양한 요가 자세 166
틈틈이 시간 내어 할 수 있는 요가의 순환운동 178

파워 워킹 따라하기 179
파워 워킹이란 179
파워 워킹 방법 179
파워 워킹 방법 예시 179

Chapter 5 Eat delicious

맛있게 먹으면서 다이어트 하기

무지개색으로 먹기 : 컬러푸드 183
무지개색으로 먹어야 하는 이유 – 파이토케미컬 183
6가지 컬러의 식품과 효능 183
얼마나, 어떻게 먹을까 190

저열량으로 포만감 느끼며 먹기 : 식이섬유소 192
식이섬유소란 192
식이섬유소의 기능 193
식이섬유소 섭취를 늘리기 위한 방법 194

싱겁게 먹기 195
나트륨이란 195
나트륨 과잉 섭취의 문제점 198
나트륨 적게 먹는 방법 198

Chapter 6 Recipe

레시피

맛있는 밥 이야기　202

연자수삼죽　202

맞춤형다이어트연잎롤　204

버섯덮밥　206

콩나물밥　208

건강한 반찬 이야기　210

시금치생새우살탕　210

연근닭꼬치　212

연잎해물파전　214

오향땅콩곤약조림　216

닭가슴살무침　218

연떡볶이　220

다양한 샐러드와 소스 이야기　222

연근두부샐러드　222

토마토샐러드　224

단호박고구마샐러드　226

브로콜리감자샐러드　228

야콘채소샐러드　230

Chapter 7 **Plus**

건강저축은 이를수록 좋다

비만은 예방이 중요하다 235

실천을 위한 단계 235

식품선택과 음식조리 시 유의점 236

비만의 원인이 되는 생활습관 237

자주 묻는 질문 239

아름답게 마무리하기 247

대학생의 건강관리 247

마무리 명상 248

부 록 253

나의 체중 변화 기록표 254

건강한 체중조절을 위한 실천일기 256

1인 1회 섭취분량별 식품의 영양가 288

1인 1회 섭취분량별 음식의 영양가 301

2015 한국인 영양소 섭취기준 312

활동 및 운동의 에너지 소모량 315

참고문헌 316

찾아보기 319

Chapter 01

Smart

스마트 기기 이용 다이어트 시작하기

01 | 스마트 기기 이용 다이어트 시작하기

- 스마트폰 앱 이용하기
- QR코드 이용하기
- SNS 이용하기
- 인터넷정보 이용하기

스마트폰 앱 이용하기

스마트폰을 더욱 '스마트'하게

스마트폰과 일반 휴대폰과의 가장 큰 차별성은 바로 애플리케이션(application, 이하 '앱')의 활용일 것입니다. 일반적으로 가장 많이 사용하고 있는 '카톡'부터 각종 게임, 인터넷 뱅킹, 버스나 지하철 노선이나 차량 이동 확인뿐만 아니라 각종 연극, 영화 등도 바로 예약할 수 있습니다.

각 언론사의 최신 뉴스 열람, 음악과 영화 감상하는 것은 이제 자연스러운 일상이 되었습니다. 이 외에도 우리의 상상을 뛰어넘는 기발한 앱들이 속속 개발되면서 하루에도 수백 개씩 쏟아져 나오는 앱들을 통하여 우리의 스마트폰은 더욱 '스마트'해지고 있습니다.

다이어트 할 때 이용하면 좋은 앱들

다이어트를 할 때 이용하면 좋은 앱들은 수도 없이 많으며 실제로 많은 사람들이 앱의 도움을 받고 있습니다. 자신에게 맞는 앱을 선택해 효율적으로 이용한다면 우리의 다이어트를 좀 더 '스마트'하게 할 수 있을 것입니다. 다이어트를 할 때 이용하면 좋을 앱에는 어떤 것들이 있을까요? 단순하게 만보계 역할을 하는 것부터 식단 작성에 이르기까지 아주 다양하답니다.

다이어트 관련 앱 찾아보기

앱 제목	앱 설명	평 가

QR코드 이용하기

QR! 빠른 응답! 바코드보다 활용성과 정보성에서 앞선 코드체계

언제부터인가 광고판 한쪽에 정사각형 모양의 불규칙한 마크인 QR코드가 삽입되기 시작하였습니다. QR이란 'Quick Response'의 약자로 '빠른 응답'을 얻을 수 있다는 의미입니다. 우리가 많이 알고 있는 바코드와 비슷하지만 활용성이나 정보성에서 월등히 발전된 코드체계입니다.

기존의 바코드는 최대 20여 자의 숫자 정보를 이용하여 특정 상품명, 제조사 등의 정보를 기록할 수 있는 데 반해 QR코드는 최대 7,089개의 숫자, 4,296자의 문자, 1,817자의 한자를 기록할 수 있어 인터넷 주소, 동영상 정보 등을 담을 수 있습니다. 최근에는 기업의 홍보 수단으로 많이 이용되며 그 이용 범위가 점점 확대되고 있습니다.

좀 더 자세하게 알고 싶으면 관련 사이트에 바로 링크

이 책에서는 이러한 QR코드를 이용하여 책의 활용도를 높였습니다. 책을 읽다가 관심 있는 분야를 좀 더 자세하게 알고 싶으면 관련 사이트에 바로 링크할 수 있도록 하였습니다. 또한, 자체 제작한 음식 만드는 방법 등은 동영상을 연계하여 이해를 돕고자 하였습니다.

생활 속 QR코드 이용하기

스토어를 통하여 전용 앱을 설치하거나 네이버나 다음 등 모바일 앱을 이용하는 방법 중 선택할 수 있습니다.

전용 앱 이용하기

- 'Play 스토어'나 '앱 스토어'에서 'QR코드'라고 검색
- 다양한 앱 검색
- 마음에 드는 앱 선택하여 설치
- 설치한 앱을 눌러 사진 찍듯이 5~10cm 정도로 원하는 QR코드에 근접시키기
- 자동으로 초점이 맞추어지며 내용을 인식
- 해당 화면으로 이동

네이버나 다음 등 모바일 앱 설치

- 오른쪽에 ♬아이콘을 누르거나 마이크 아이콘 누르기
- 코드 아이콘 누르기
- 원하는 QR코드에 사진 찍듯이 가져다 대면 자동으로 인식
- 해당 화면으로 이동

SNS 이용하기

체험 공유 및 자조모임 결성

체중조절은 여럿이 함께 서로 격려하고 체험을 공유하는 것이 효율적입니다. 10명 내외의 소그룹을 만들어 운동하거나 동호회를 만들어 서로에게 지속적인 관심과 정보를 제공하는 것도 좋은 방법입니다. 실제로 많은 사람들이 소그룹을 통해 체중감량에 성공하고 있습니다. 전혀 모르는 사람들이 모였을지라도 다이어트라는 하나의 공통적인 목적이 있으므로 힘든 점을 공유하며 함께 격려받을 수 있고, 먹은 양을 공유하며 서로 감시자가 되어 다이어트 성공에 도움을 줄 수 있습니다.

요즈음에는 특정한 관심이나 활동하는 사람들의 공유를 도우며 관계망을 구축해 주는 온라인 서비스인 SNS(Social Network Service)를 이용하면 좋습니다. 페이스북(Facebook)이나 트위터(Twitter) 등을 이용하여 다이어트 체험을 공유하거나 자조모임을 결성할 수 있습니다. 이러한 SNS를 이용하면, 자신의 식사생활을 공개할 생각에 식품을 절제할 수 있습니다. 한 연구에서는 매주마다 체중 감소량을 공개한 여성이 가끔 공개한 여성보다 더 빠르게 체중을 감량했다고 밝혔습니다.

앱의 편리성과 SNS의 공유성이 결합된 소셜 다이어트

다양한 앱을 이용하여 자가 측정부터 식사조절, 운동관리를 할 수 있지만 앱의 가장 큰 단점은 혼자 스스로 관리해야 한다는 점입니다. 그래서 앱의 편리성과 소셜 네트워크 서비스의 공유성을 결합하여 진일보한 소셜 다이어트가 인기를 끌고 있습니다.

소셜 다이어트 찾아보기

제 목	설 명

인터넷 정보 이용하기

인터넷 정보 나들이

상업적인 목적이나 전문성 부족으로 인한 잘못된 정보를 주의

체중조절과 관련된 정보를 찾기 위해 검색 포털 사이트에서 '다이어트', '체중조절', '비만' 을 검색하고 직접 찾아가서 한 번씩 돌아봅시다. 무척 많은 사이트가 이런 주제로 검색되며, 가장 주의할 것은 상업적인 목적으로 정보를 왜곡시켰거나 또는 전문성 부족으로 잘못된 정보도 많다는 것입니다. 인터넷은 누구나 쉽게 글을 올릴 수 있도록 열려 있는 공간이므로, 다른 사람에게 전혀 검증되지 않은 정보가 난무하는 곳이기도 합니다. 인터넷이 '정보의 홍수 또는 바다' 라고는 하나 올바른 정보 여부를 꼼꼼히 따져서 옥석을 가려야 합니다. 공인된 전문 사이트가 극히 드물다는 점을 명심하고 검색 사이트를 방문해 봅시다.

공인된 비영리 전문가단체

대한지역사회영양학회 식생활정보센터 http://www.dietnet.or.kr

대한영양사협회 http://www.dietitian.or.kr

대구광역시 건강증진사업지원단 싱겁게먹기센터 http://www.saltdown.com

미국 농무부 영양정책센터(USDA Choose my plate) http://www.choosemyplate.gov/

미국 암연구센터(The American Institute for Cancer Research) http://www.aicr.org/

인터넷 정보 이용 시 주의사항

이곳 저곳의 체중조절 관련 사이트를 다니면서 느낀 점이 많았을 것입니다. 상업적으로 만들어진 사이트가 대부분이지만 최근에는 다이어트 전문 사이트가 늘어가는 추세입니다. 건강증진보다는 외형적인 미에 치우쳐서 잘못된 인식을 주기도 하고 검증되지 않은 정보를 올리는 경우도 많아서 각별한 주의가 요망됩니다.

전문성 · 윤리성 · 객관성 · 공익성 · 해설성 · 적절성 체크

체중조절 및 건강 관련 정보를 살펴볼 때 전문성, 윤리성, 객관성, 공익성, 해설성, 적절성 여부를 꼼꼼히 따져보아야 하며, 정보를 제공하는 사이트의 도메인 이름에 co.kr 또는 com인 경우에는 특히 주의를 요합니다. 도메인 이름에 ac.kr 또는 or.kr과 같은 학교나 단체가 조금 더 믿을만 합니다. 또 정보를 제공하는 사람이 전문가인지를 알려면 영양학박사, 석사, 국가고시를 치룬 영양사인지의 여부를 따져 보고 그밖에 의학박사, 의사 등을 확인해야 합니다. 하지만 이들이 전문가라 할지라도 상업용 사이트나 상업용 방송(예 : 홈쇼핑) 등에 나와서 특정 상품 등을 자문해 줄 때가 있으므로 조심해야 합니다.

잘못된 식생활 · 영양정보인지 의심해야 하는 경우

- 정보를 주는 곳이 물건을 파는 곳과 연결되었나.
- 쉽고 단순하게 해결되지 않는 문제들(비만, 관절염, 면역, 근육강화 등)에 새로운 해법을 제시하는가.
- '기적 같은', '신비의', '비밀인', '과학이 증명한' 과 같은 미사여구가 과도하게 사용되었는가.
- 전후의 사진이나, 전문가의 도움말로 믿기 어려운 것을 믿게 만드는가.
- 사실이라고 믿기에는 너무 좋은가.
- 효과가 없으면 돈을 돌려준다고 했는가.

신뢰할 만한 정보인지 체크

식생활이나 영양에 관련된 정보는 무수히 많습니다. 믿을 만한 곳을 몇 개 뽑아 본다면 우선은 영양학 교과서입니다. 교과서에는 대부분 이미 받아들여진 과학적인 이론이 정리되어 있습니다. 또 정부 간행물이나 정부 관련 단체, 연구소에서 운영하는 관련 사이트를 생각해 볼 수 있으며, 비영리 보건의료단체나 영양학회 같은 전문학회에서 나오는 간행물이나 웹 사이트 등도 생각해 볼 수 있습니다. 영양사협회나 의사협회 같은 전문가 모임에서 나오는 정보들도 많은 도움이 됩니다.

과학적으로 증명된 영양정보인지 체크

- 연구방법의 종류는?
- 연구대상은 누구인가?
- 연구대상의 수는?
- 어떤 정보를 수집해야 하나?
- 정보를 수집하는 방법은?
- 분석에 이용한 통계적인 방법은?

건강보조식품이나 특수영양식품 섭취 시 주의

밥이 보약이라는 말이 있듯이 음식을 통해 필요한 영양소나 기능성 섬유소 등을 섭취하는 것이 바람직합니다. 최근 건강보조식품이나 특수영양식품 등은 의약품과 달리 사전검사를 받지 않고 판매될 수 있는 점을 악용하여 검증되지 않은 다이어트 식품이 인터넷 사이트 등을 통해 판매되고 있습니다. 이런 제품들은 효능도 문제가 되지만 구성성분이 무엇인지 제대로 검사를 받지 않으므로 식품의 안전성(safety)에도 문제가 됩니다. 몸 속에 들어가는 것을 허위광고 등에 현혹되어 잘못 먹게 되면 건강에 위험할 뿐 아니라 치명적일 수도 있습니다. 그러므로 각별히 주의하고 '스스로의 건강은 스스로 지킨다'는 마음으로 올바른 정보를 배워야 합니다. 올바로 아는 것이 힘입니다. 스스로 아는 것만큼 보이기 때문에 올바른 정보에 관한 기초를 튼튼히 해서 건강한 체중조절을 위한 정보를 선별하는 지혜를 갖도록 합시다.

위에서 설명한 기초를 토대로 인터넷 영양 및 건강정보 사이트를 다시 한번 돌아보면서 여러분들에게 알맞은 정보만을 가려내고 체중조절 전략을 모색하기 위한 철저한 준비를 해봅시다.

MEMO 맞춤영양정보

Chapter 02

Eco Friendly

영양 · 건강정보

02 | 영양 · 건강정보

- 영양정보
- 건강정보

영양정보

탄수화물

탄수화물은 주식을 구성하고 뇌와 신경세포에 필수 에너지원인 포도당을 공급해 주는 에너지 급원으로 매우 중요합니다. 소화되기 쉽고 저장이 간편하며 생산비가 적게 들어 식품으로 매우 중요합니다.

탄수화물의 종류

단당류

- 포도당 : 혈당의 성분으로 곡류의 전분이나 과일즙 등이 분해되어 만들어짐
- 과당 : 과일즙이나 벌꿀에 주로 있음
- 갈락토스 : 모유나 우유에 들어 있음

이당류

- 맥아당 : 전분이 가수분해되어 만들어짐
- 유당 : 모유나 우유에 들어 있음

올리고당

- 3~10개의 단당류로 구성
- 설탕과 비슷한 단맛을 내지만 1 g에 1~2 kcal를 내어 저에너지 감미료로 사용

건강한 식생활을 위한 기본원칙 ABCDE

- Adequacy : 알맞은 양
- Balance : 균형식
- Calorie : 에너지 조절
- Diversity : 다양한 식품 선택
- Exercise : 규칙적인 운동

- 장내 유익한 균인 비피도 박테리아를 선택적으로 활성화해 대장을 건강하게 만들며, 칼슘 흡수를 도와주어 유제품에 많이 사용
- 프락토 올리고당, 이소말토 올리고당, 갈락토 올리고당 등이 있음

다당류

- 보통 수천 개의 단당류로 구성
- 전분 : 소화가 되는 식물성 식품의 다당류
- 글리코겐 : 동물성 식품의 다당류
- 식이섬유 : 인체에서 소화가 안 되는 다당류

탄수화물의 기능

에너지 공급

- 1 g에 4 kcal의 에너지를 냄
- 적혈구와 뇌세포, 신경세포의 주된 에너지원

단백질 절약작용

- 탄수화물 섭취 부족 → 우리 몸의 단백질 분해 → 에너지로 이용
- 적절한 양의 탄수화물을 섭취 : 우리 몸의 단백질을 보호

케톤증 예방

- 탄수화물 섭취 부족 → 지방이 제대로 산화되지 못함 → 케톤증 유발
- 하루에 50~100 g의 탄수화물을 섭취

식품에 단맛과 향미를 주는 천연 감미료 역할

- 식품의 맛과 기호도 상승

지 방

물에는 녹지 않고 유기 용매에 녹는 물질을 지방이라고 하는데, 상온에서 고체인 팻(fat)과 액체 형태인 오일(oil) 이 있습니다. 식생활의 서구화로 인한 만성질환의 증가는 지방 섭취와도 밀접한 관련이 있습니다.

지방의 종류

지방산

- 동물성 지방에 존재하는 포화지방산(예 : 팔미틱산, 스테아릭산)
- 올리브유에 많이 들어 있는 단일불포화지방산(예 : 올레인산)
- 콩기름, 옥수수기름에 많이 들어 있는 다가불포화지방산(오메가-6 지방산)(예 : 리놀레산, 아라키돈산)
- 생선기름, 들기름에 많이 들어 있는 다가불포화지방산(오메가-3 지방산)(예 : α-리놀렌산, EPA, DHA)

중성지방

- 글리세롤 1분자와 지방산 3분자로 결합되어 있음
- 식품이나 생체를 구성하는 지방산의 95%는 중성지방의 형태로 존재
- 동물성지방에는 포화지방산이 많이 들어 있어 실온에서 주로 고체상태
- 식물성지방에는 불포화지방산이 많이 들어 있어 실온에서 주로 액체상태

인지질

- 중성지방과 유사한 구조이지만 인산과 염기가 연결
- 세포막, 신경조직의 주요 구성성분이며 유화제로서의 역할

콜레스테롤

- 동물 조직, 특히 뇌, 신경조직에 높은 농도로 존재
- 체내에 존재하는 콜레스테롤은 우리가 섭취하는 동물성 식품에서 얻거나 신체 내에서 새로 합성

지방의 기능

- 필수지방산을 공급하는 역할 : 필수지방산이란 체내에서 합성되지 않거나 합성되는 양이 적어 식품을 통해 섭취해야 하는 것(리놀레산, 아라키돈산, 리놀렌산)
- 신체의 장기를 보호
- 체온조절
- 지용성 비타민의 흡수를 촉진
- 1 g당 9 kcal의 에너지 공급
- 맛과 향미, 포만감 제공

단백질

단백질의 어원은 우리 몸에 가장 중요한 영양소라는 뜻이 있습니다. 생명 유지에 필수적인 영양소로 우리 몸의 근육을 구성하고 효소, 호르몬, 항체 등 주요 기능을 합니다. 우리 몸을 구성하는 영양소 중 물을 제외한 고형성분으로 가장 양이 많은 영양소입니다.

필수 아미노산

- 체내에서 합성되지 않아서 반드시 섭취해야 하는 아미노산
- 양질의 단백질이라 함은 필수 아미노산이 골고루 들어 있는 단백질을 의미

단백질의 기능

- 1 g당 4 kcal의 에너지 공급
- 뼈와 근육, 손톱, 발톱, 머리카락의 대부분을 구성
- 호르몬, 효소, 항체를 합성
- 수분평형을 유지하여 부종을 방지
- 산, 염기 평형을 유지하는 완충작용
- 포도당을 공급 : 탄수화물 부족 → 근육단백질 분해 → 포도당 합성 → 뇌와 적혈구에 포도당 공급

단백질의 섭취

- 매끼 한 가지씩 적당량의 단백질 식품(순살코기, 생선, 달걀, 우유, 두부, 콩, 치즈 등)을 섭취
  - ↳ 키도 크고 탄력 있는 얼굴이 됨
  - ↳ 건강하고 윤기 나는 머릿결을 유지
- 비록 질이 낮은 단백질이라도 여러 종류를 섞어 먹거나 질이 좋은 것과 함께 먹으면 부족한 아미노산을 보충하여 질을 높여줌
  - ↳ 빵과 우유, 콩밥, 밥과 콩나물 등
- 단백질의 과잉 섭취 : 세포 속에 단백질을 구성하는 아미노산의 pool을 넘치게 함 → 비싼 에너지원으로 연소 → 독성 암모니아 생성 → 요소 전환 → 신장으로 배설

비타민과 무기질

비타민은 단백질, 지방, 탄수화물과 같은 유기화합물이지만 에너지를 내지 못하는 것으로 소량 필요하나 체내에서 합성하지 못하므로 건강 유지를 위해 반드시 섭취해야 하는 필수 영양소입니다.

비타민의 종류

구 분	지용성 비타민	수용성 비타민
종류	비타민 A, D, E, K	• 비타민 B군 : B_1(티아민), B_2(리보플라빈), 나이아신, B_6, B_{12}, 엽산, 판토텐산, 비오틴 • 비타민 C
성질	지방에 녹음	물에 녹음
과량 섭취 시	체내 축적(특히, A와 D는 간 독성)	대개 소변으로 배설

지용성 비타민

비타민 A

한국인에게 부족하기 쉬운 영양소 중 하나로 동물성 식품에도 포함되어 있으나 녹황색 채소로 가장 많이 섭취됩니다. 비타민 A의 주요 기능은 어두운 곳에서 시각기능(부족 시 야맹증), 피부 건강 및 세포분화조절, 항산화 및 항암작용을 합니다. 주요 급원식품으로 동물의 간(retinol)과 당근, 늙은 호박 등의 녹황색 채소(carotenoids, β-카로틴)가 있습니다.

비타민 D

비타민 D는 일명 햇빛 비타민이라고 하는데, 주요 기능은 체내 칼슘 대사조절 및 뼈 구조 유지(부족 시 성장기에는 구루병, 성인기에는 골연화증)이며, 다른 비타민과 달리 햇빛이 충분한 상태에서 체내 합성이 가능합니다.

비타민 E

비타민 E의 주요 기능은 항산화작용을 통한 노화방지, 세포막 파괴에 의한 빈혈을 방지합니다.

비타민 K

비타민 K는 혈액응고에 필수적인 인자의 합성에 관여하고 성인의 경우 비타민 E와 K의 결핍증은 거의 나타나지 않습니다.

수용성 비타민

비타민 B

비타민 B군의 주요 기능은 조효소로서 에너지 생성의 산화 환원반응(B_1 : 티아민, B_2 : 리보플라빈, 나이아신), 단백질 분해 및 합성(B_6 : 피리독신), 이산화탄소 전달반응(비오틴)에 관여하고, 코엔자임 A의 구성효소(판토텐산)로 작용합니다. 비타민 B_1(티아민)은 결핍될 경우 각기병에 걸리고 현미, 통밀, 돼지고기 등에 들어 있습니다. 비타민 B_2(리보플라빈)는 쇠간, 고등어, 돼지고기, 우유 등에 많이 함유되어 있고 결핍될 경우 설염, 구각염에 걸리기 쉽습니다. 나이아신은 참치, 닭고기, 고등어, 녹두, 표고버섯 등에 함유되어 있는데, 결핍될 경우 피부염, 설사, 정신적 무력증, 우울함을 동반하는 펠라그라에 걸릴 수 있습니다. 비타민 B_6는 결핍되면 피부염, 설염, 우울증에 걸리기 쉽고 통밀, 연어, 닭고기, 바나나 등에 함유되어 있습니다. 핵산을 합성하고 세포 분열에 관여하는 엽산은 결핍되면 거대적아구성 빈혈을 일으킬 수 있고 태아의 뇌신경관을 손상시킬 수 있어 임신 초기에 엽산 섭취가 부족하지 않도록 주의해야 합니다. 쇠간, 완두콩, 시금치, 브로콜리 등에 함유되어 있습니다. 비타민 B_{12}는 결핍되면 악성 빈혈과 신경 손상이 올 수 있는데, 동물성 식품에만 함유되어 있습니다(예외적으로 김, 해조류에 소량 함유).

비타민 C

비타민 C의 주요 기능은 항산화작용, 결합조직인 콜라겐 합성, 면역강화 등이 있으며 부족 시에는 잇몸 출혈증상을 보이는 괴혈병, 감기 등의 질병에 감염되기 쉽습니다. 비타민 C는 오렌지, 귤, 딸기, 키위 등의 과일과 토마토, 감자, 시금치, 배추, 양배추, 무, 열무 등의 채소에 풍부합니다.

무기질

무기질은 원소로서 체내의 생리조절 작용 및 유지에 필수적이며, 하루 필요량이 100 mg 이상인 다량 무기질[칼슘(Ca), 인(P), 마그네슘(Mg), 소디움(Na), 포타슘(K), 염소(Cl), 황(S)]과 하루 필요량이 100 mg 미만으로 소량 필요한 미량 무기질[철(Fe), 아연(Zn), 구리(Cu), 요오드(I), 불소(F), 망간(Mn), 크롬(Cr), 셀레늄(Se), 몰리브덴(Mo)]로 분류됩니다.

칼슘

칼슘은 골격과 치아를 구성하고 혈액응고, 신경자극 전달, 근육 수축 및 이완작용에 사용됩니다. 칼슘이 부족하면 성장부진, 골감소증, 골다공증, 근육경련 등이 생길 수 있으므로 우유 및 유제품, 뼈째 먹는 생선, 녹색 채소 등을 통해 충분하게 섭취를 해야 합니다.

인

인은 골격과 치아를 구성하고 산, 염기 평형조절에 사용되는데, 거의 모든 식품에 들어 있으므로 부족할 염려가 없습니다. 오히려 지나친 탄산음료의 섭취는 인산의 과잉 섭취를 하게 되어 칼슘과 적정 비율인 1 : 1을 초과하게 만듭니다.

나트륨

나트륨은 삼투압을 유지시키고 산, 염기 평형조절에 사용되나 나트륨은 과잉 섭취의 위험이 더 문제가 됩니다.

칼 륨

칼륨(포타슘)은 수분, 전해질의 평형을 유지하고 근육의 수축, 이완작용에 관여합니다. 채소류, 감자, 고구마, 견과류에 많이 함유되어 결핍증은 매우 드뭅니다.

미량 무기질

미량 무기질은 하루 필요량이 매우 소량이며 체내에 존재하는 전체 무기질 중 1% 이

미량 무기질의 주요 기능 및 결핍증, 과잉증, 급원식품

종 류	주요 기능	결핍증	과잉증	급원식품
철분	• 헤모글로빈, 미오글로빈의 성분 • 효소의 구성성분 • 면역기능 유지	철분결핍성 빈혈	혈색소증	• 육류, 가금류, 어류(흡수 잘 됨) • 콩류, 강화시리얼, 녹색 채소(흡수 잘 안 됨)
아연	• 효소의 구성요소 • 핵산합성에 관여(성장, 면역 유지) • 생체막 구조와 기능 유지	• 성장지연 • 왜소증 • 상처회복 지연 • 식욕부진	• 설사, 구토 • 면역기능 저하	• 패류, 육류 • 우유, 요구르트
요오드	갑상선 호르몬의 성분	갑상선기능 부전증	갑상선기능 항진증	해조류, 해산물, 요오드 강화 식염
불소	• 충치 예방 • 골다공증 방지	• 충치유발 • 골다공증	• 불소증 • 위장장애 • 치아에 반점	해조류, 어류, 자연수
셀레늄	글루타티온 과산화효소 성분(항산화작용)	• 근육약화 • 성장장애	• 구토 • 설사	새우, 패류, 어류, 견과류, 통밀

하로 존재하나 인체의 생명 유지에 필수적인 영양소입니다. 미량 무기질의 주요 기능, 결핍증, 과잉증, 급원식품을 정리해 보면 표와 같습니다.

물

물은 우리 몸에 양적으로 가장 많이 함유된 영양소로서, 식사 30분 전에 마시는 물은 만복감을 주어 과식을 예방할 수 있습니다. 그러나 식사 직전, 식사 중, 식사 직후에 과량의 물을 마시면 위액이 희석되고 혈당상승을 도울 수 있으므로 주의해야 합니다. 우리는 보통 6~8컵의 수분을 보충하는 것이 적합하며 그중 4컵의 물은 아침 식전, 아침과 점심 사이, 점심과 저녁 사이, 저녁 식후 2시간쯤에 각 1컵씩 보충합니다. 나머지 2~4컵의 수분은 아침, 점심, 저녁식사 시 국, 김칫국물, 채소 등의 음식과 과일, 차, 우유, 주스 등 간식을 통해 보충합니다.

MEMO 맞춤영양정보

건강정보

세계 10대 슈퍼푸드

2012년 타임지는 '세계 10대 슈퍼푸드'를 선정하였습니다. '슈퍼푸드'란 단어는 영양 연구 분야의 세계적 권위자인 스티븐 프랫 박사 저서 《난 슈퍼푸드를 먹는다》에서 사용한 용어입니다.

세계 10대 슈퍼푸드

아몬드

아몬드는 비타민 E가 풍부하며, 최근 연구 결과에서는 콜레스테롤과 혈당조절에 도움을 주고 심장질환이나 뇌졸중에도 효과가 있다고 합니다.

블루베리

블루베리에는 당근이나 사과의 5배에 해당하는 항산화제가 함유되어 있으므로 심혈관질환과 당뇨, 암, 백내장 예방에 도움을 주고 노화와 치매 예방효과도 있습니다.

브로콜리

브로콜리에는 발암물질을 제거하는 효소를 늘리는 '설포라페인'이 함유되어 있어 항암효과가 뛰어나며 유방암 성장을 억제하는 '인돌'이란 성분도 있습니다. 단, 하루에 2컵 이상 섭취할 경우 갑상선 기능 저해의 우려가 있으므로 적당히 섭취해야 합니다.

단호박

단호박은 비타민과 식이섬유가 많아 다이어트에 좋은 식품이며 β-카로틴이 풍부해 각종 암의 위험을 감소시킵니다.

밤 콩

밤과 비슷한 맛을 내는 밤콩은 사포닌을 함유하고 있는데, 이는 인삼과 같은 성분으로 면역력과 신진대사 개선에 효과가 있습니다.

케 일

케일은 카로티노이드 성분이 많아 항암효과가 있고 각종 비타민과 미네랄이 풍부해 세계보건기구(WHO)가 최고의 채소라고 평가하기도 하였습니다.

귀 리

귀리는 마그네슘과 망간, 구리, 셀레늄 등이 풍부하고 단백질은 현미의 두 배가량 들어 있습니다. 또한 혈중 콜레스테롤 저하 효능이 있어 심장질환 예방에도 추천하는 식품입니다.

오렌지

비타민 C의 최고 공급원인 오렌지는 암과 심혈관질환의 증가를 막는 역할을 합니다. 오렌지에 함유된 플라보노이드의 일종인 '루틴'은 항염증 및 항바이러스 작용에 도움을 주며 모세혈관 노화 예방에도 좋습니다.

연 어

연어는 불포화지방산인 오메가-3 지방산이 풍부한데, 오메가-3 지방산을 적절하게 섭취하면 동맥 혈관 탄력에 도움을 주기 때문에 고혈압에 효과적입니다. 우울증이나 치매 등의 정신질환 문제의 위험성도 줄여줍니다.

플레인 요구르트

설탕을 줄인 플레인 요구르트에는 유산균이 풍부하여 각종 위장 및 대장질환에 효과가 있습니다. 저지방 또는 탈지 요구르트, 인공색소 첨가 유무, 활성 배양균이 충분히 들어 있는지 여부를 확인하여 구입하는 것이 좋습니다.

출처 : 매일경제(2013. 1. 4).

한국인을 위한 식생활지침

출처 : 보건복지부

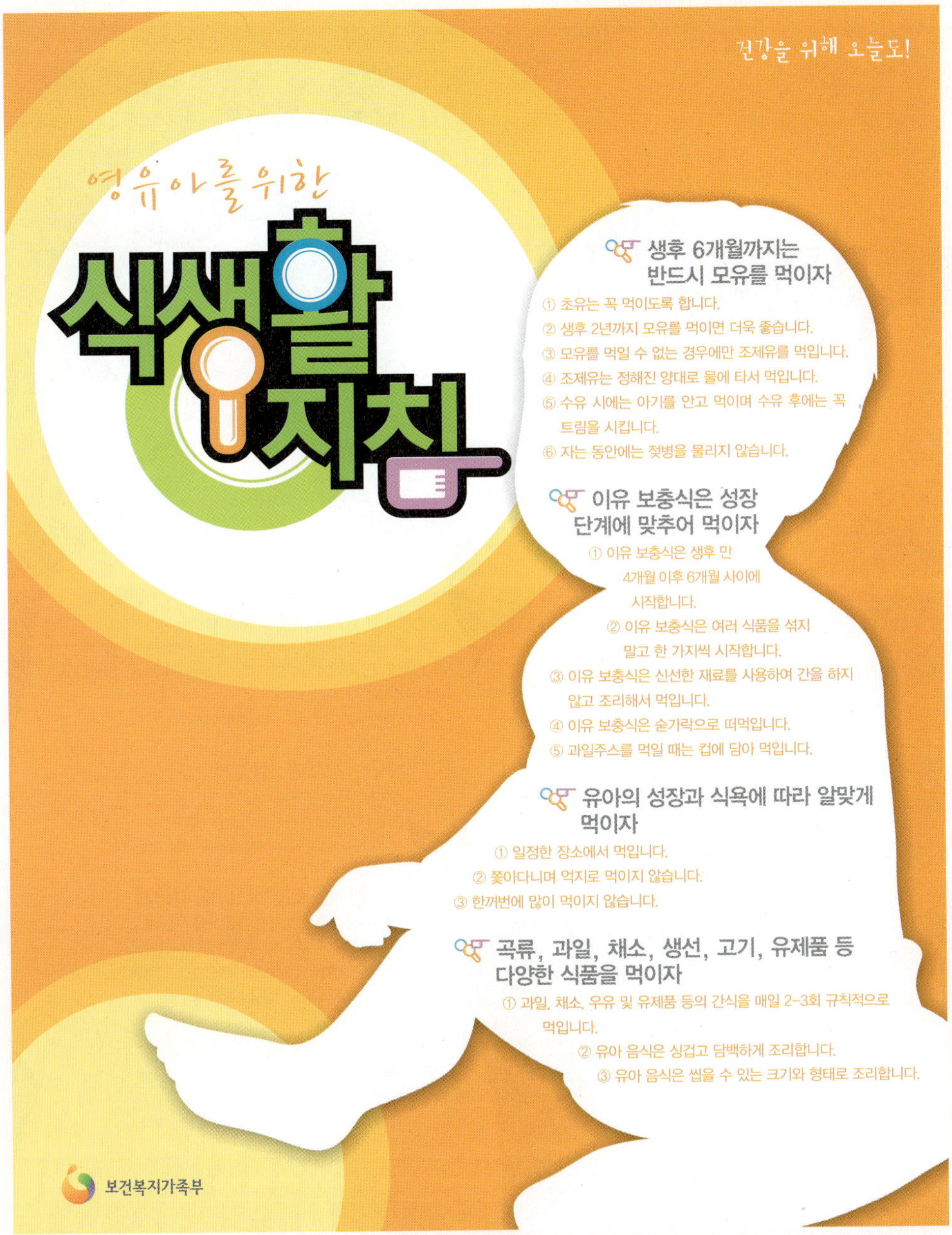
건강을 위해 오늘도!
영유아를 위한
식생활 지침
생후 6개월까지는 반드시 모유를 먹이자
① 초유는 꼭 먹이도록 합니다.
② 생후 2년까지 모유를 먹이면 더욱 좋습니다.
③ 모유를 먹일 수 없는 경우에만 조제유를 먹입니다.
④ 조제유는 정해진 양대로 물에 타서 먹입니다.
⑤ 수유 시에는 아기를 안고 먹이며 수유 후에는 꼭 트림을 시킵니다.
⑥ 자는 동안에는 젖병을 물리지 않습니다.
이유 보충식은 성장 단계에 맞추어 먹이자
① 이유 보충식은 생후 만 4개월 이후 6개월 사이에 시작합니다.
② 이유 보충식은 여러 식품을 섞지 말고 한 가지씩 시작합니다.
③ 이유 보충식은 신선한 재료를 사용하여 간을 하지 않고 조리해서 먹입니다.
④ 이유 보충식은 숟가락으로 떠먹입니다.
⑤ 과일주스를 먹일 때는 컵에 담아 먹입니다.
유아의 성장과 식욕에 따라 알맞게 먹이자
① 일정한 장소에서 먹입니다.
② 쫓아다니며 억지로 먹이지 않습니다.
③ 한꺼번에 많이 먹이지 않습니다.
곡류, 과일, 채소, 생선, 고기, 유제품 등 다양한 식품을 먹이자
① 과일, 채소, 우유 및 유제품 등의 간식을 매일 2~3회 규칙적으로 먹입니다.
② 유아 음식은 싱겁고 담백하게 조리합니다.
③ 유아 음식은 씹을 수 있는 크기와 형태로 조리합니다.
보건복지가족부

출처 : 보건복지부

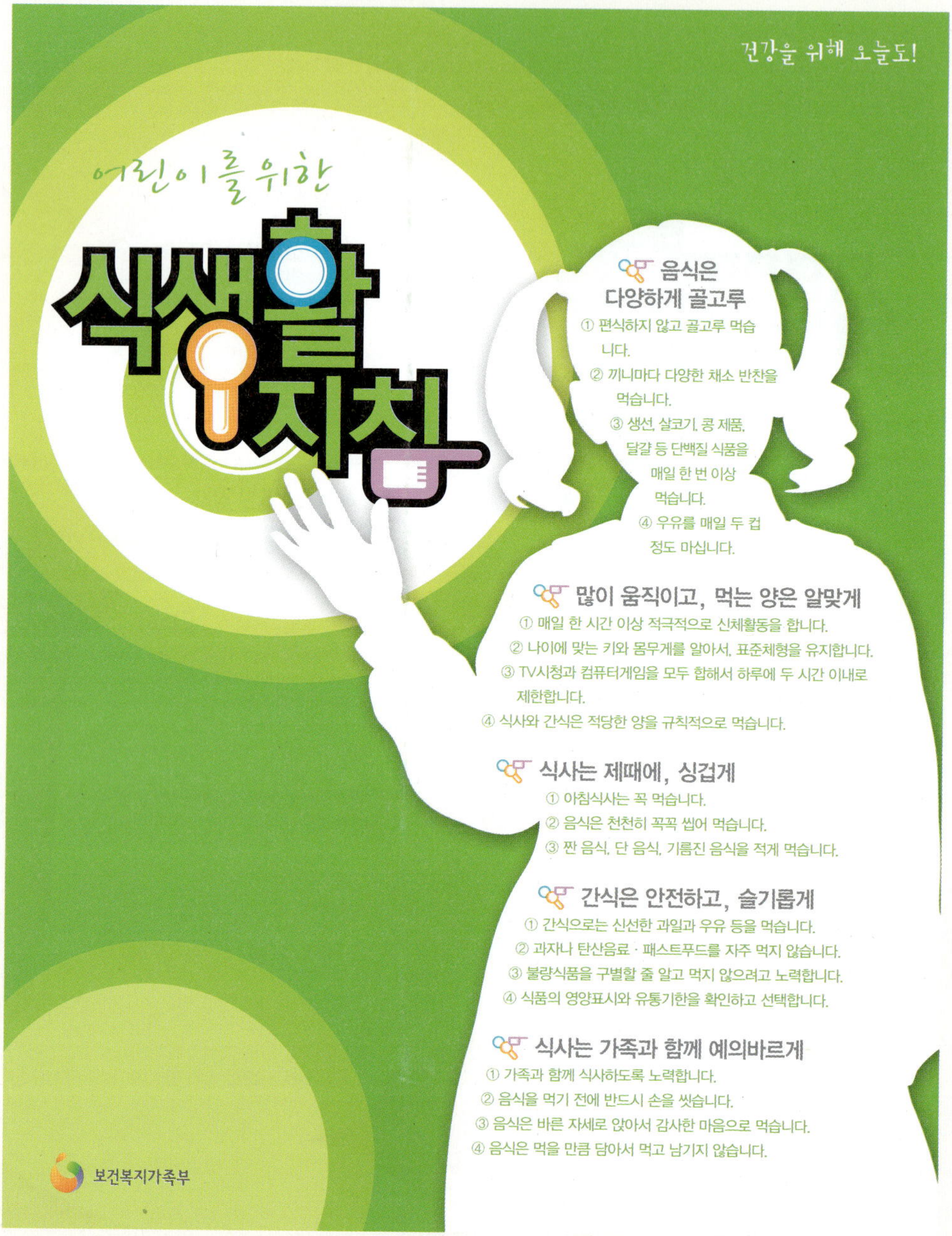
건강을 위해 오늘도!
어린이를 위한
식생활 지침
음식은 다양하게 골고루
① 편식하지 않고 골고루 먹습니다.
② 끼니마다 다양한 채소 반찬을 먹습니다.
③ 생선, 살코기, 콩 제품, 달걀 등 단백질 식품을 매일 한 번 이상 먹습니다.
④ 우유를 매일 두 컵 정도 마십니다.
많이 움직이고, 먹는 양은 알맞게
① 매일 한 시간 이상 적극적으로 신체활동을 합니다.
② 나이에 맞는 키와 몸무게를 알아서, 표준체형을 유지합니다.
③ TV시청과 컴퓨터게임을 모두 합해서 하루에 두 시간 이내로 제한합니다.
④ 식사와 간식은 적당한 양을 규칙적으로 먹습니다.
식사는 제때에, 싱겁게
① 아침식사는 꼭 먹습니다.
② 음식은 천천히 꼭꼭 씹어 먹습니다.
③ 짠 음식, 단 음식, 기름진 음식을 적게 먹습니다.
간식은 안전하고, 슬기롭게
① 간식으로는 신선한 과일과 우유 등을 먹습니다.
② 과자나 탄산음료 · 패스트푸드를 자주 먹지 않습니다.
③ 불량식품을 구별할 줄 알고 먹지 않으려고 노력합니다.
④ 식품의 영양표시와 유통기한을 확인하고 선택합니다.
식사는 가족과 함께 예의바르게
① 가족과 함께 식사하도록 노력합니다.
② 음식을 먹기 전에 반드시 손을 씻습니다.
③ 음식은 바른 자세로 앉아서 감사한 마음으로 먹습니다.
④ 음식은 먹을 만큼 담아서 먹고 남기지 않습니다.
보건복지가족부

출처 : 보건복지부

건강을 위해 오늘도!
청소년을 위한
식생활 지침
각 식품군을 매일 골고루 먹자
① 밥과 다양한 채소, 생선, 육류를 포함하는 반찬을 골고루 매일 먹습니다.
② 간식으로는 신선한 과일을 주로 먹습니다.
③ 우유를 매일 2컵 이상 마십니다.
짠 음식과 기름진 음식을 적게 먹자
① 짠 음식, 짠 국물을 적게 먹습니다.
② 인스턴트 음식을 적게 먹습니다.
③ 튀긴 음식과 패스트푸드를 적게 먹습니다.
건강 체중을 바로 알고, 알맞게 먹자
① 내 키에 따른 건강 체중을 압니다.
② 매일 한 시간 이상 적극적으로 신체활동을 합니다.
③ 무리한 다이어트를 하지 않습니다.
④ TV시청과 컴퓨터게임을 모두 합해서 하루에 두 시간 이내로 제한합니다.
물이 아닌 음료를 적게 마시자
① 물을 자주 충분히 마십니다.
② 탄산음료, 가당 음료를 적게 마십니다.
③ 술을 절대 마시지 않습니다.
식사를 거르거나 과식하지 말자
① 아침식사를 거르지 않습니다.
② 식사는 제 시간에 천천히 먹습니다.
③ 배가 고프더라도 한꺼번에 많이 먹지 않습니다.
위생적인 음식을 선택하자
① 불량식품을 먹지 않습니다.
② 식품의 영양표시와 유통기한을 확인하고 선택합니다.
보건복지가족부

출처 : 보건복지부

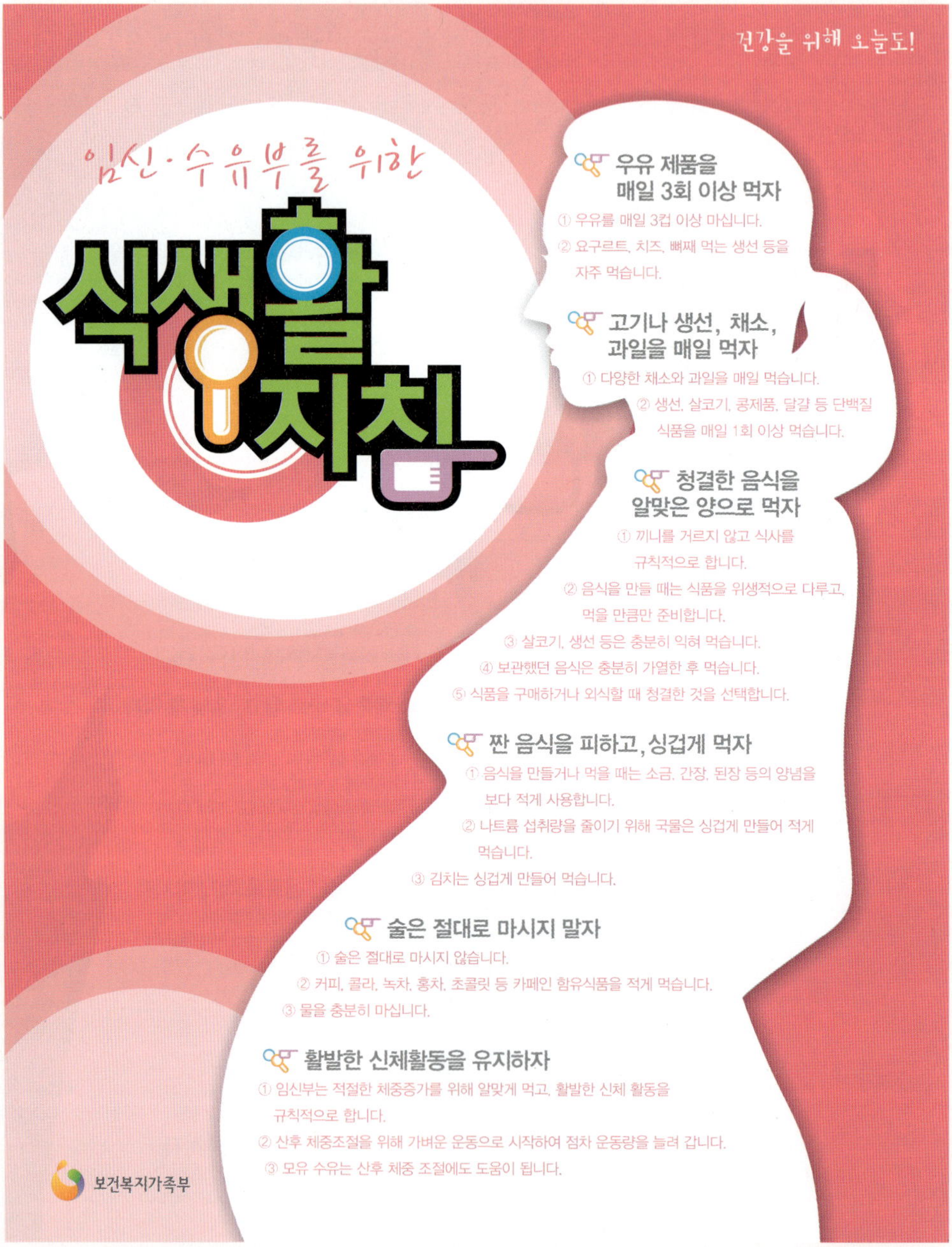
건강을 위해 오늘도!
임신·수유부를 위한
식생활 지침
우유 제품을 매일 3회 이상 먹자
① 우유를 매일 3컵 이상 마십니다.
② 요구르트, 치즈, 뼈째 먹는 생선 등을 자주 먹습니다.
고기나 생선, 채소, 과일을 매일 먹자
① 다양한 채소와 과일을 매일 먹습니다.
② 생선, 살코기, 콩제품, 달걀 등 단백질 식품을 매일 1회 이상 먹습니다.
청결한 음식을 알맞은 양으로 먹자
① 끼니를 거르지 않고 식사를 규칙적으로 합니다.
② 음식을 만들 때는 식품을 위생적으로 다루고, 먹을 만큼만 준비합니다.
③ 살코기, 생선 등은 충분히 익혀 먹습니다.
④ 보관했던 음식은 충분히 가열한 후 먹습니다.
⑤ 식품을 구매하거나 외식할 때 청결한 것을 선택합니다.
짠 음식을 피하고, 싱겁게 먹자
① 음식을 만들거나 먹을 때는 소금, 간장, 된장 등의 양념을 보다 적게 사용합니다.
② 나트륨 섭취량을 줄이기 위해 국물은 싱겁게 만들어 적게 먹습니다.
③ 김치는 싱겁게 만들어 먹습니다.
술은 절대로 마시지 말자
① 술은 절대로 마시지 않습니다.
② 커피, 콜라, 녹차, 홍차, 초콜릿 등 카페인 함유식품을 적게 먹습니다.
③ 물을 충분히 마십니다.
활발한 신체활동을 유지하자
① 임신부는 적절한 체중증가를 위해 알맞게 먹고, 활발한 신체 활동을 규칙적으로 합니다.
② 산후 체중조절을 위해 가벼운 운동으로 시작하여 점차 운동량을 늘려 갑니다.
③ 모유 수유는 산후 체중 조절에도 도움이 됩니다.
보건복지가족부

출처 : 보건복지부

식품구성자전거

식품구성자전거는 6개의 식품군에 권장식사 패턴의 섭취횟수와 분량에 맞추어 바퀴 면적을 배분한 형태로 기존의 식품구성탑보다 다양한 식품 섭취를 통한 균형 잡힌 식사와 수분 섭취의 중요성 그리고 적절한 운동을 통한 비만 예방이라는 기본 개념을 나타냅니다.

식품구성자전거

출처 : 보건복지부 · (사)한국영양학회(2015), 2015 한국인 영양소 섭취기준.

식품첨가물

식품첨가물은 가공 · 보존 등의 목적으로 식품에 첨가하는 화학물질로서 식품의 위생상태 유지 및 색, 맛, 모양 등이 상품 가치를 향상시키는 데 필수적입니다(유익성). 한 가지 식품에서 첨가물의 양이 안전기준치를 넘지 않는다 해도 여러 가공식품을 섭취하게 되면 과잉섭취가 될 수 있으므로(유해성) 식품선택 시 식품포장에서 첨가물 표시를 고려해야 합니다.

식품첨가물

건강기능식품

‘건강기능식품’은 일상 식사에서 결핍되기 쉬운 영양소나 인체에 유용한 기능을 가진 원료나 성분(이하 기능성원료)을 사용하여 제조한 식품으로 건강을 유지하는 데 도움을 주는 식품입니다. 식품의약품안전처는 동물시험, 인체적용시험 등 과학적 근거를 평가하여 기능성원료를 인정하고 있으며 이런 기능성원료를 가지고 만든 제품이 ‘건강기능식품’입니다. 건강기능식품의 사용 시 영양사나 의사 등 전문가와 상의하여 꼭 필요한 경우에만 올바르게 사용하는 것이 바람직합니다.

건강기능식품

영양표시제

식품구매 시에는 유통기한이나 영양표시 내용을 충분히 살펴보는 것이 바람직합니다.

영양표시는 식품에 어떤 영양소가 얼마나 들어 있는지를 식품포장에 표시하는 것을 말하며 영양표시 내용을 잘 살펴보면 제품이 가진 영양소의 정보를 알 수 있습니다.

MEMO 맞춤영양정보

Chapter 03

Lotus

연꽃처럼 아름다운 몸과 마음 만들기

03 | 연꽃처럼 아름다운 몸과 마음 만들기

- 비만에 대해 공부하기
- 내 몸의 상태 파악하기
- 다이어트 전략 세우기
- 간단하게 체중조절하기
- 아름다운 마음 만들기
- 맞춤식이요법
- 맞춤운동요법
- 실천하기 쉬운 맞춤행동수정 따라하기

비만에 대해 공부하기

비만의 정의

비만은 체중과다 아닌 체지방과다

비만은 체지방과다(overfat)를 말하는데, 에너지의 섭취가 불균형으로 과잉되면 체지방으로 전환되어 체내에 저장됩니다.

운동선수처럼 근육의 발달로 체중이 많이 나가는 것은 비만이라 하지 않고 과체중(overweight)이라 합니다.

비만을 판정하려면 실제 체지방을 측정해서 남자는 체중의 25% 이상(최근에는 20% 이상을 가벼운 비만으로 정의합니다), 여자는 30% 이상(최근에는 25% 이상은 가벼운 비만으로 정의합니다)일 때를 비만으로 정의하지만 간단하게 체중만을 측정하여 비만도를 측정하기도 합니다.

또한 간단하게 신체지수를 이용해서 비만도를 계산하는 방법도 있습니다. 현재 체중과 신장을 알고 있다면 아래의 공식에 맞추어 비만도를 구하여, 비만도가 20% 이상이면 비만이라고 하고, 10~19%면 과체중, −10~+10%는 정상이고, −10~−19%까지는 체중미달인 상태, −20% 이하는 수척한 상태로서 질병이 우려되는 감염이라든가 질병에 노출될 수 있는 상태이므로 반드시 체중관리를 해야 합니다.

신체지수 이용하여 비만도 계산하기

표준체중(kg) = {신장(cm)−100} × 0.9

$$\text{비만도(\%)} = \frac{\text{실제체중} - \text{표준체중}}{\text{표준체중}} \times 100$$

비만 : +20% 이상, 과체중 : +10~ +19%, 정상 : −10~10%

체중미달 : −10~−19%, 수척 : −20% 이하

비만의 종류

발생원인, 발생시기, 지방조직에 따라 다양한 비만

발생 원인에 따라 원발성 비만, 이차성 비만이 있습니다

원발성 비만은 대부분(약 95~99%)의 비만인 사람에 해당되는 것으로 특별한 질환 없이 과식과 운동부족이 그 원인이라 할 수 있습니다. 식습관이나 생활습관, 유전, 인종 등 다양한 요인이 복합적으로 관여합니다. 이차성 비만은 내분비, 유전, 약물, 정신질환, 시상하부성, 전두엽 및 대사성 등의 원인으로 인해 이차적으로 발생하는 비만입니다.

발생 시기에 따라 소아비만과 성인비만으로 나눕니다

소아비만은 성장기에 체지방이 과도하게 축적되어 나타나는데, 이것은 나중에 성인이 되어서도 비만으로 나타날 수 있습니다. 그래서 성인이 되었을 때 비만이 나타나는 것을 예방하기 위해서는 소아비만이 나타나지 않도록 사전에 반드시 예방을 해야 합니다. 그러나 소아비만인 경우에 과도하게 에너지 섭취를 줄이게 되면 성장에 장애가 나타날 수 있으므로 에너지는 충분히 주되 농구처럼 점프를 할 수 있는 운동 등을 활기차게 하여 성장판이 자극을 받을 수 있도록 함으로써 키도 크고 비만도 방지할 수 있는 방법으로 가야 할 것입니다. 성인비만이라고 하면 성장이 멈춘 상태에서 나타나는 비만입니다. 성장이 멈춘 상태에서는 에너지 필요량이 상대적으로 줄어들기 때문에 과잉으로 에너지를 섭취했을 때에는 즉시 체지방이 축적되어 지속적으로 에너지를 과잉 섭취하게 되면 비만으로 가기 쉽습니다.

지방조직 형태에 따라 지방세포증식형과 지방세포비대형이 있습니다

지방세포증식형은 지방세포의 수가 증가하는 것으로 성장기에 나타나는 소아비만이 이에 속합니다. 한 번 늘어난 지방세포의 수는 다시 줄어들지 않으므로 소아비만은 체중을 줄이거나 감소된 체중을 유지하기가 성인비만보다 더 어렵습니다. 지방세포비대형은 크기가 뚱뚱해지는 것으로 성인비만의 대부분이 이에 속합니다. 소아기에는 지방세포의 수도 늘어나고 지방세포도 뚱뚱해지는 것이 같이 나타나는 수도 있고, 성인이 되면 지방세포의 크기는 고정되어 있는데, 지방세포 안에 지방의 축적이 많이 되어 지방세포가 비대해지는 비만을 볼 수 있습니다. 최근 연구결과 성인의 지방세포 수도 증가될 수 있는 것으로 밝혀지고 있습니다.

지방분포에 따라 상체비만과 하체비만으로 구분합니다

지방분포에 따라서 상체비만과 하체비만으로 나누어집니다. 남자와 여자는 호르몬의 영향에 따라서 남성은 흔히 근육질이지만 에너지가 과잉으로 축적될 경우 배 주위가 과도하게 동그랗게 되는 사과 형태의 비만을 보이기 때문에 남성형 비만을 흔히 사과형이라고 하고 상체비만이라고도 합니다.

여성의 경우는 여성호르몬의 영향을 받아 체지방이 더 많은데, 주로 체지방이 분포하는 곳이 출산과 관련되는 허벅지와 엉덩이 주변에 많이 발생하기 때문에 여성형 비만인 경우에는 서양배형이라고 합니다. 우리나라의 배는 동그랗지만 서양의 배는 종모양입니다. 이렇게 하체 쪽에 체지방이 많이 붙어 있는 서양배형 비만을 흔히 여성형 비만, 하체비만이라고 합니다.

복부비만은 허리둘레가 남성 90 cm(36인치), 여성 85 cm(34인치) 이상일 경우를 말합니다. 복부의 지방은 간, 심장 등으로 이동하기가 쉬워서 심장혈관계 질환이나 당뇨병의 발병률을 높입니다. 복부비만은 건강에 상당히 위험한 비만이기 때문에 복부지방의 위치에 따라서 내장지방형과 피하지방형으로 나누고 있습니다.

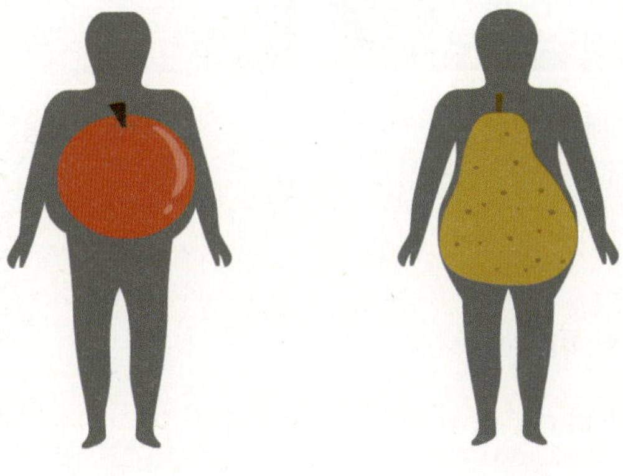

지방 분포에 따른 체형

비만의 종류

구분 기준	비만의 종류
발생 원인	원발성 비만 vs 이차성 비만
발생 시기	소아비만 vs 성인비만
지방조직 형태	지방세포증식형 vs 지방세포비대형
지방분포	상체비만(사과형) vs 하체비만(서양배형)
복부지방 위치	내장지방형 복부비만 vs 피하지방형 복부비만

복부지방은 내장지방과 피하지방으로 구분합니다

컴퓨터 단층촬영(CT)으로 복부의 지방을 측정할 수 있으며, 복부에 회색으로 보이는 것이 지방입니다. 복부 밑에 회색으로 보이는 부분은 피하지방이고, 내장 사이에 회색으로 보이는 것은 내장지방이라고 합니다. 피하지방 대비 내장지방 비율이 40% 이상인 경우를 내장지방형이라고 하고 피하지방형보다 훨씬 더 위험하기 때문에 요즘에는 CT 사진까지 찍으면서 내장지방형 복부비만을 치료하고 있습니다.

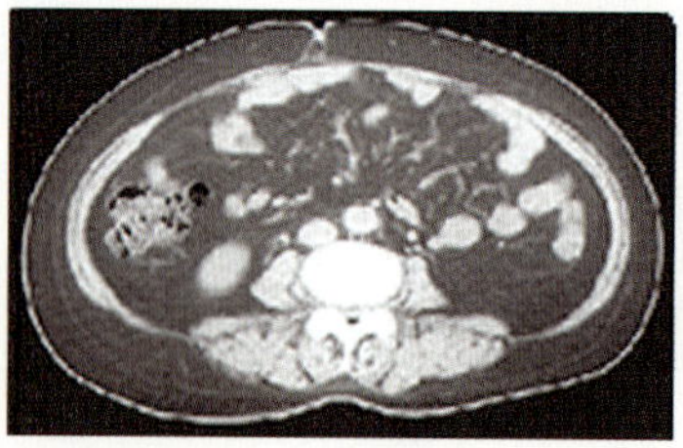

내장지방형

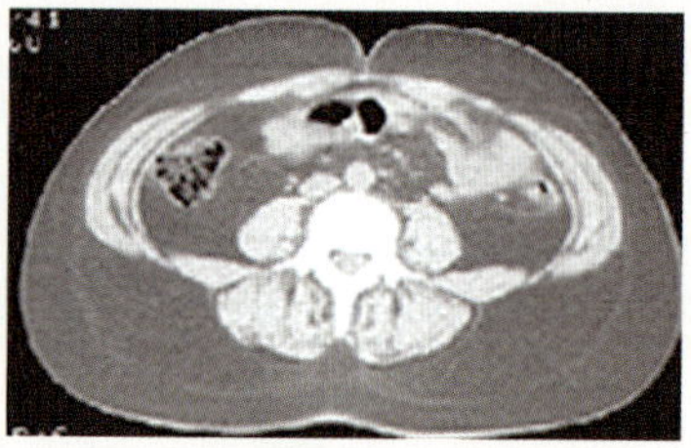

피하지방형

비만의 원인

비만의 원인은 사람마다 다르다

사람의 모습이 각각 다르듯이 비만의 원인도 사람마다 달라서 비만의 예방이나 치료를 위한 체중조절에도 맞춤영양(individualized nutrition)이 필요합니다.

비만은 일반적으로 에너지 불균형으로 생깁니다.

에너지 평형 = 에너지 섭취량 − 에너지 소모량

위의 공식에서 에너지 섭취량 · 에너지 소모량의 값이 0보다 많으면 에너지가 축적되어 체중이 증가합니다. 많이 먹어 에너지 섭취량이 증가하여 양의 값이 되는 경우가 있고, 움직이기 싫어해서 남보다 에너지 소모량이 적어 양의 값이 되는 경우도 있습니다. 에너지 섭취량과 소모량이 평형을 이루어 정상인데도 뇌의 식욕중추 등에 질병이 생겨 비만이 되기도 합니다.

가족이 모두 뚱뚱해서 유전적으로 비만이 아닌가 생각해 보지만 가족은 환경적으로도 비슷하므로 반드시 유전이라고 보기는 어렵습니다. 일반적으로 유전적 소양이 있는 사람이 환경적으로도 비만이 될 수 있는 조건에 놓이면, 더 쉽게 비만이 되거나 치료도 힘들 수 있습니다. 그러므로 비만의 일반적인 원인은 유전적 요인과 환경적 요인이 복합적으로 작용한다고 할 수 있습니다.

비만의 유전적 요인

특정 인종이나 가족은 유전적으로 비만이 되기 쉽습니다

특정 인종이나 가족은 유전적으로 비만이 되기 쉽도록 효율이 높은 체질을 타고 난다고 합니다. 사람의 몸은 자동차와 같은 동력 엔진이라 효율이 높으면 같은 양의 에너지 섭취를 해도 체지방이 더 많이 증가합니다. 이를 효율이 높은 대사(thrift metabolism)라고 해서 UCP(uncoupling protein)를 통해 열로 에너지가 발산되는 비율이 낮고 체지방으로 축적되는 비율이 높은 고효율 엔진을 의미하며 비만 유발과 관련되는 대사 형태입니다.

일란성 쌍둥이를 다른 환경에서 키워도 체지방의 분포가 비슷한 비만이 됩니다

일란성 쌍둥이를 다른 환경에서 키워도 체지방의 분포가 비슷한 비만이 되더라는 것이 유전적 원인을 뒷받침하는 근거이기도 합니다. 이를 반박하는 연구도 많아서 반드시 유전적 요인에 의해 비만이 나타난다고 할 수는 없습니다.

부모 중 한 사람이 비만일 때
자식이 비만이 될 확률 30~35%

부모 둘 다 비만일 때
자식이 비만이 될 확률 65~70%

비만의 유전적 요인

비만의 환경적 원인

비만이 반드시 유전적 요인에 의한 것이 아니라는 연구결과가 많이 있습니다. 예를 들어, 식량이 부족하거나 노동을 하는 사람이 많은 나라는 뚱뚱한 사람이 드물고, 유전적 소인이 다른 부부도 체형이 비슷해지는 경우가 많으며, 일란성 쌍둥이도 서로 다른 환경에서 자라면 체지방량이 상당히 다를 수 있다는 등의 연구결과입니다.

체지방량의 최저치는 유전에 의해 결정, 최대치는 환경적 요인에 의해 결정

그러므로 체지방량의 최저치는 유전에 의해 결정되지만 최대치는 환경적 요인에 의한 식행동의 변화에 영향을 받는다고 할 수 있습니다. 즉, 비만해질 유전적 소인이 있고 그것이 나타날 수 있는 환경이 되면 조심해야 합니다. 최근 미국 등 여러 나라에서 나타나는 비만은 유전적인 소양에다가 움직이기 싫어하는 운동부족, 고지방식이, 맛있는 음식을 끊임없이 먹을 수 있는 환경 등이 합해진 것이라고 할 수 있습니다.

환경적인 요인으로는 에너지 섭취량의 증가, 기초대사량 저하, 불규칙한 수면, 사회적 요인, 식습관 문제, 활동량 저하 등이 있습니다.

에너지 섭취량의 증가

식후에 몸이 무겁고 식곤증이 오며 편하게 숨쉬기가 어렵다면 과식했다고 생각할 수 있습니다. 그렇다면 왜 과식을 하게 되는 걸까요?

- 식욕조절의 문제 : 식욕조절의 비밀은 호르몬에 있습니다. 위장관에서 분비되는 식욕촉진 호르몬인 그렐린과 지방세포에서 분비되어 포만감을 느끼게 하는 식욕억제 호르몬인 렙틴이 식욕과 관련된 호르몬입니다.

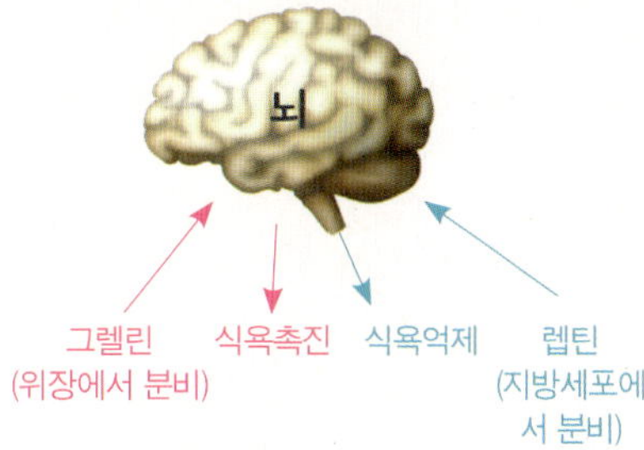

그렐린과 렙틴의 작용

  일반적으로 정상인의 경우 배가 고프면 그렐린이 식욕을 느끼게 하여 음식물을 섭취하게 하고, 음식물 섭취 후 위장이 차고 혈당이 높아지면 렙틴의 분비가 증가하여 그만 먹도록 작용합니다. 그리고 체지방이 증가하면 혈액 내의 렙틴 양도 늘어나서 식사량이 감소하게 되며 지방이 쌓이지 않도록 많은 에너지를 발생하게 하는데, 이런 렙틴의 효능으로 체중을 정상적으로 유지할 수 있습니다. 그러나 두 호르몬 사이의 균형이 깨지면 식욕조절에 문제가 생겨 비만이 생길 수 있습니다.

- 비만의 원인이며 결과인 인슐린 저항성 : 인슐린 저항성은 비만의 원인이기도 하고 결과이기도 합니다. 인슐린이란 혈당을 조절하는 호르몬입니다. 비만이 되면 인슐린에 대한 저항성이 높아지면서 인슐린이 제대로 작용하지 못합니다. 몸은 인슐린을 더욱 분비하게 되는데, 인슐린은 공복중추를 자극하여 공복감을 느끼게 하여 과식하게 만들고 이는 비만을 더욱 심하게 만듭니다.
- 스트레스로 인한 음식 섭취 : 최근에는 스트레스로 인한 음식 섭취가 늘고 있는데, 자신도 모르게 미약하게라도 스트레스를 받을 경우 무의식적으로 자꾸 음식을 찾게 되고 이는 비만을 유발합니다. 그러나 병에 걸릴 정도로 심하게 정신적 · 육체적 스트레스를 받으면 식욕이 떨어져서 음식 섭취가 줄고 체중도 감소합니다.

기초대사량 저하

우리가 소비하는 에너지 중 가장 많은 부분을 차지하는 것은 생명 유지에 쓰는 에너지인 '기초대사량'입니다. 나이가 듦에 따라 체지방은 증가하고 근육은 감소하게 되는데 이는 '기초대사량'의 저하를 가져옵니다. 흔히 '나잇살' 이라고 하는 것의 원인입니다. 기초대사량은 낮아지는데, 섭취량의 변화가 없다면 다른 원인이 없어도 서서히 비만으로 될 수 있습니다.

불규칙한 수면

잠이 부족하면 신진대사가 원활히 이루어지지 못해서 신체의 에너지 소비량이 감소합니다. 또한, 수면시간이 짧아지면 렙틴 분비는 억제되어 포만감을 느끼기 어렵게 되고 그렐린은 증가하여 식욕이 증가하므로 체중이 계속해서 늘어날 가능성이 높습니다.

보통 6~8시간은 자라고 권하지만 이는 개인차가 매우 큽니다. 5시간을 자고도 다음날 생활에 문제가 없는 경우도 있지만 9시간을 자고도 다음날 피곤을 이기지 못할 수도 있기 때문입니다. 그러므로 수면은 양도 중요하지만 질도 매우 중요합니다.

수면시간과 대사증후군 위험도

가톨릭대학교 연구팀에 의한 〈영양과 당뇨병(Nutrition and Diabetes)〉지 발표에 의하면, 18~50세 대사증후군 환자 7만 8,082명을 분석한 결과 하루 평균 5~6시간 자면 평균 7~8시간 자는 성인에 비해 대사증후군 위험이 27% 더 높았고, 9~10시간까지 길게 자면 대사증후군 위험이 23% 증가하였습니다. 연구팀에서는 "잠을 적게 잘 경우 인슐린 저항이 발생하고, 많이 잘 경우 호르몬이나 신체리듬에 변화가 생기고 활동량이 줄어들어 대사증후군 위험이 높아지는 것으로 보인다"고 말했습니다. 또한 "이를 예방하기 위해서 적절한 수면시간을 유지하는 게 중요하다"고 강조했습니다.

출처 : 서울경제(2013. 9. 10) ; http://economy.hankooki.com/lpage/entv/201309/e20130910150658942 30.htm

사회적 요인

우리 주변의 먹을거리가 풍부해졌고 패스트푸드 등 달고 지방이 많은 음식을 손쉽게 섭취할 수 있게 되었습니다. 콜라 잔의 크기는 점점 커지고 있고, 1인 1회분의 양은 늘어나고 있습니다.

식습관의 문제

같은 식사를 하더라도 아침에 섭취하는 것보다 저녁에 섭취할 경우 에너지가 더 많이 저장된다고 알려져 있습니다. 이는 식사에 의한 열 발생 때문인데, 아침보다 저녁이 낮아 같은 에너지를 섭취하더라도 저녁에 먹으면 열로 소모하는 에너지가 적기 때문입니다. 그러므로 요즘 현대인들이 많이 행하고 있는 아침 결식, 가벼운 점심, 집중적인 저녁식사, 야식 등의 생활 패턴은 비만을 유발하는 지름길이 될 수 있습니다.

식사를 빨리 하는 것도 과식을 부릅니다. 우리 몸에 음식이 들어가서 소화가 되고 위에서 포만 중추를 자극하여 뇌에서 만복감을 느끼게 하는 데 걸리는 시간은 최소 20분입니다. 그런데 우리는 20분이 채 되기도 전에 이미 내가 먹어야 할 음식의 양이 얼마인지도 모른 채 다 우리 몸에 넣어버리고 맙니다. 그리고는 과식으로 인해 숨을 헐떡거리며 힘들어하게 되는 것입니다. 단순히 천천히 먹는 것만으로도 배고픔 없이 식사량을 줄일 수 있습니다. 천천히 먹다보면 아무리 배가 고프더라도 식사량을 다 먹기 전에 배부름을 느낄 수 있게 됩니다.

활동량 저하

섭취량은 일정한데, 활동량이 저하되면 잉여 에너지가 지방으로 축적됩니다. 섭취량은 서서히 늘어가고 활동량은 서서히 줄어든다면 그 폭은 늘어나는 뱃살로 나타날 것입니다. 꼭 정해진 시간에 하는 운동이 아니더라도 예전보다 활동량이 많이 감소하였습니다. 승용차 이용 증대, 엘리베이터 설치 증가, 각종 기계의 발달로 인한 노동량 감소 등이 그 이유일 것입니다. 5분 거리에 있는 헬스장에 운동을 하러 가면서 자가용을 가지고 가서 주차를 하고 2층에 있는 헬스장에 엘리베이터를 타고 가는 일들이 벌어지곤 합니다.

비만의 원인은 사람마다 다르지만 대개 유전적 배경, 식이섭취량, 운동량 등의 요인에 의한 것입니다. 그러므로 비만의 원인을 정확히 살펴보고 바로잡는 것이(원인교정) 비만치료의 기본입니다.

비만 관련 건강문제

비만은 이제 질병

우리나라에서도 경제발전과 더불어 지방 섭취가 늘고 TV시청 및 교통수단의 발달로 인해 운동량이 줄어 날로 비만율이 증가하고 있습니다. 특히, 소아비만은 치료가 어렵고 평생 건강상의 문제를 야기할 수 있으므로 더욱 큰 국민건강 문제로 대두되고 있습니다.

비만은 체지방의 증가로, 발병이 되면 자꾸 눈덩이처럼 지방조직이 늘어나 그 증상이 악화됩니다. 처음에는 경증비만이었던 사람도 치료를 안 하면 곧 중증비만(체지방이 체중의 40% 이상)으로 될 위험이 높고, 중증비만이 되면 몸은 온갖 질병으로 인해 생명에 치명적일 수 있습니다.

비만은 단순히 외모 문제에 그치는 것이 아니라 고혈압, 암, 당뇨, 심혈관질환 같은 대사질환을 유발하고 그로 인한 사망률을 증가시켜 이미 1997년에 WHO(세계보건기구)에서 비만을 질병이라 규정하였습니다. 이에 비만학회에서도 비만의 '치료'지침을 개정하며 제시하고 있습니다.

비만 관련 건강문제

비만은 제2형 당뇨병, 고혈압, 이상지질혈증, 관상동맥질환 등의 대사 이상에 의한 질환의 발병 위험을 높이고 그 외 뇌경색, 비알코올성 지방간, 통풍 등의 발병 위험도 높입니다. 비만은 골관절염, 허리통증, 천식, 수면무호흡증, 하지정맥류, 스트레스, 요실금 등 과도한 체중으로 인한 질환의 발병 위험을 높입니다. 비만은 유방암, 난소암, 자궁내막암, 전립선암, 대장암, 식도암, 신장암, 췌장암 등의 위험 증가와 관계가 있습니다. 또 살이 너무 접히게 되면 피부질환까지도 유발하게 됩니다.

체중이 증가하면 혈압이 상승합니다

비만으로 인해 체중이 증가하면 체지방을 비롯하여 조직들이 증가됩니다. 이 조직들로 산소와 영양소를 공급하기 위하여 혈관을 통해 더 많은 양의 혈액이 흘러가야 하므로 혈관의 압력인 혈압이 증가하게 됩니다. 혈압이 올라가면, 압력을 받아 뇌의 모세혈관이

터져서 결국에는 뇌기능장애로 나타나는 뇌졸중(뇌졸중 이란 뇌가 졸고 있다 하여, 뇌졸증이 아니라 중입니다)에 걸리기도 쉽습니다. 그러므로 고혈압이 나타나면 반드시 체중을 줄이기 위해 운동을 하며 의사의 처방을 받아서 치료를 받는 것이 바람직합니다.

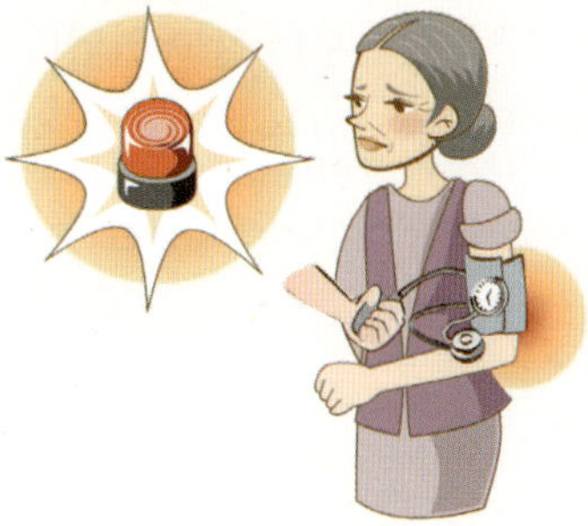

여러 연구결과에 의하면 체중이 정상보다 증가하면 고혈압 발생 확률이 정상체중의 2~6배 증가한다고 합니다. 그러나 체중을 10 kg 줄이면 수축기 혈압은 25 mmHg, 확장기 혈압은 10 mmHg 정도 감소하고 경증 고혈압환자는 체중감소만으로도 혈압이 정상화될 수 있습니다.

체중이 증가하면 당뇨병이 생기는 경우가 많습니다

체중이 늘어나면서 세포가 뚱뚱해지면 혈당을 조절하는 호르몬인 인슐린에 대한 반응성이 둔해집니다. 인슐린은 혈당을 조절하는 호르몬으로 우리 몸의 혈액 중에 포도당이 많아지면 인슐린이 분비되고, 인슐린은 혈액 중에 과잉으로 돌아다니는 포도당을 잡아서 저장하는 역할을 합니다. 일단 세포가 뚱뚱해지면 인슐린이 아무리 많아도 인슐린에 대한 저항을 보이게 됩니다. 즉, 반응성 자체가 둔화됩니다. 세포가 둔감해져서 인슐린에 대한 작용이 잘 나타나지가 않아 혈액 중의 많은 포도당을 세포 속으로 잡아 넣지 못하고 혈액 중 포도당 농도가 높아지면 소변으로 당이 배설되는데, 이것이 당뇨병입니다. 당뇨병은 크게 1형과 2형으로 나뉘는데, 비만이 되어 나타나는 당뇨는 2형 당뇨입니다.

체중이 증가하면 암도 발생할 수 있습니다

암은 에너지 과잉 섭취로 자라나는 비정상적인 세포 덩어리로서 주로 에너지의 과잉섭취 결과인 비만환자에게 나타나 사망에 이를 수 있는 매우 무서운 질병입니다. 암(癌)이라는 한자를 보면 질병을 나타내는 글씨 밑에 입 구(口)자 세 개가 있습니다. 이렇게 입 구자가 세 개나 있다는 것은 너무 많이 먹어서 이것이 잘못된 세포를 만든다는 것을 옛날부터 알고 있었다는 것입니다.

미국 성인을 대상으로 암 사망 원인에 관한 연구에 의하면 남자의 14%, 여자의 20%는 과도한 체중이 원인이라고 보고하였습니다. 또한, 고도비만자들의 사망률이 정상체중자들의 사망률보다 남자는 52%, 여자는 62% 더 높았습니다.

비만과 암의 관계

여성의 경우 유방암, 자궁내막암, 난소암의 위험 증가

- 여성호르몬인 에스트로겐 수치 증가와 연계되어 있는데, 에스트로겐은 지방조직에서 많이 생산되기 때문입니다.
- 유방암은 미국에서 4만 4,000명의 여성들을 연구한 결과 체중이 증가할수록 유방암의 모든 종류, 단계, 등급의 위험도 늘어났습니다.
- 비만은 자궁내막암의 위험을 5배까지 증가시켰습니다.
- 미국국립암센터 연구팀은 50~71세 미국 여성 9만 4,000명을 7년간 추적 관찰한 결과 비만여성이 난소암에 걸릴 위험이 높았고, 18세 무렵의 비만이 난소암 발병 위험을 높였으므로 건강을 위해 전 연령에 걸쳐 체중관리가 중요하다고 강조하였습니다.

남성의 경우 전립선암 환자의 사망률 및 재발률 증가

- 미국에서 전립선암 환자 788명을 8년에 걸쳐 체질량지수와 사망률의 관계를 분석한 결과 전립선암에 걸린 정상체중의 환자보다 과체중은 1.5배, 비만은 1.6배 사망률이 높았습니다.
- 전립선 적출술을 받은 환자 1,415명을 대상으로 한 연구에 의하면 체지량지수가 더 높은 사람이 전립선암 재발 위험이 더 증가하였습니다.

여성과 남성 모두에게서 대장암, 신장암, 식도암, 췌장암의 위험 증가

- 비만인 사람은 그렇지 않은 사람보다 대장암에 걸릴 위험이 1.6배 높습니다.
- 비만은 신장암의 위험도를 2배까지 높입니다.
- 비만도가 높고 내장지방이 많으면 역류성 식도염의 위험도가 3배 높아지고, 역류성 식도염은 식도암의 발생을 증가시킬 수 있습니다. 초고도비만일 경우 식도암 위험은 6배나 높고, 역류성식도염까지 있다면 식도암 위험률이 16배나 더 높아집니다.
- 체질량지수가 높아질수록 췌장암 위험도는 점점 높아졌으며 비만이 가장 심한 사람이 췌장암 위험도 가장 높았습니다.

예전에는 암이라고 하면 아주 위험한 질병으로 '암에 걸리면 사망한다' 라는 결론을 지었었는데, 최근에는 조기발견을 할 수 있게 되어 암이라는 것도 치료가 가능하게 되었습니다. 특히, '폭식을 하거나 과식을 하는 사람들은 일단 암이 나타나기 쉽다' 라는 사실을 염두에 두고 반드시 식습관을 고칠 수 있도록 해야 합니다. 비만이 되면 암세포가 자라나기 쉬운 상태가 된다는 사실을 염두에 두고 비만이 되지 않도록 또 비만이 되었다 할지라도 이것을 정상으로 돌릴 수 있는 노력을 반드시 해야 합니다.

체중이 증가하면 심혈관계 질환을 유발합니다

최근에는 심혈관계 질환으로 우리나라 국민들이 갑자기 과로사라든가 어지럼증으로 쓰러져서 사망하는 경우가 늘어나고 있습니다. 특히, 심혈관계 질환, 암, 당뇨 등은 스트레스와 많은 관련이 있어서 우리 몸에 비만이 있는 상태에서 과로와 스트레스를 받게 되면 마치 폭탄처럼 작용을 할 수 있습니다.

체지방이 증가하여 혈액 속에 지방과 콜레스테롤 농도가 증가되면, 하수관에 기름때가 끼듯이 수세미처럼 엉킨 혈액응고 단백질에 지방과 콜레스테롤이 붙어서 혈관 속에 찌꺼기처럼 쌓이게 되고 탄성이 있는 동맥혈관을 뻣뻣하게 합니다. 그래서 '동맥이 뻣뻣하게 죽어서 경화된다' 라는 뜻의 동맥경화증이 관상동맥에 생기면, 심장에 부담을 주어 제기능을 못하고 심부전, 심장마비 등으로 사망할 수 있습니다.

그 밖에 비만환자의 체지방은 비만조직뿐만 아니라 내장 사이에도 끼어 각 장기의 기능에 영향을 미치는데, 질병을 유발하고 수술 시에도 주의를 요하게 합니다. 수면장애나 호흡장애가 나타나서 잠자다가 갑자기 사망하는 경우도 있으며, 관절에 체중의 부하가 걸려서 무릎 등에 관절염이 생기기도 합니다. 비만으로 과다하게 체지방이 많아지면 사춘기가 일찍 와서 키가 안 클 수도 있습니다. 여성의 경우에 사춘기가 시작된다는 것은 생리가 시작된다는 것을 의미하는데, 조기생리를 하게 되면 키 크는 속도가 급속하게 감소합니다. 그래서 실제로 과다한 체지방은 사춘기를 앞당겨서 남자나 여자나 키가 크는 데 장애를 일으킬 수 있습니다. 그러므로 소아비만 시 반드시 운동을 통해 성장으로 유도해야 합니다.

또한 임신 시에는 분만의 난이도가 증가하고 마취약의 필요량이 증가하여 상당히 위험할 수 있습니다. 또한 민첩성이 감소하여 넘어지기 쉬워 사고와 낙상의 위험도 증가합니다.

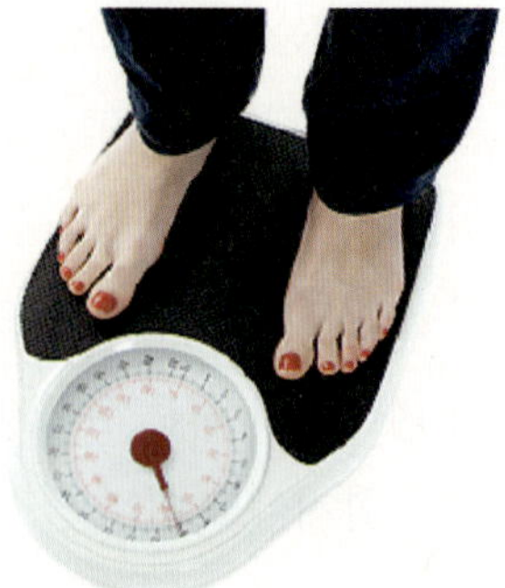

비만은 모든 원인에 의한 사망률, 모든 종류의 암으로 인한 사망률, 심혈관계질환에 의한 사망률, 관상동맥질환으로 인한 사망률을 높입니다. 전문가적 견해와 보고에 의하면 5~10% 정도의 체중감량만으로도 비만과 관련된 질환, 증상 및 이로 인한 합병증을 임상적으로 크게 감소시킬 수 있습니다.

비만과 관련된 건강문제

건강문제	과잉지방의 영향
고혈압, 뇌졸중	지방조직의 혈관 증가, 혈액량 증가, 혈액의 흐름에 대한 저항 증가 (체중에 비례하여 혈압 상승)
인슐린 비의존성 당뇨(2형 당뇨)	뚱뚱해진 세포는 혈당을 조절하는 인슐린에 대한 반응능력이 떨어져서 혈당의 증가로 당뇨 발생
심혈관계 질환	체지방이 증가하여 혈액 속에 지방과 콜레스테롤 농도가 증가되면 동맥경화증과 관상심장병 발생
암	유방암, 난소암, 자궁내막암, 전립선암, 대장암, 식도암, 췌장암, 신장암의 위험 증가
수술 시 위험	마취약 필요량 증가, 상처 감염의 우려 증가
호흡계 질환과 수면장애	허파와 인후에 대한 과다 압력 부하
뼈와 관절의 질환	무릎, 엉덩이 관절에 대한 압력 증가
담낭 결석	담즙의 콜레스테롤 농도 증가
피부 질환	살 접힌 부분에 땀이 차고 미생물 번식 증가
작은 키	과다 체지방은 사춘기 시작을 앞당김
임신 합병증	분만의 난이도 증가
사고와 낙상 위험 증가	민첩성 감소

건강한 체중조절을 위한 Q & A

Q 전 대학에 들어와서 점점 체중이 늘고 있어 걱정입니다. 친구들은 오히려 대학에 와서 살이 빠졌다고 하는데 저는 오히려 늘고 있습니다. 고등학교 때와 달라진 것을 생각해보면 등록금 마련에 조금이라도 보탬이 되고자 아르바이트를 하고 있어 늘 시간에 쫓겨서 식사시간이 좀 짧아진 듯 합니다. 저는 왜 살이 찔까요?

A 살이 찌는 원인에는 여러 가지가 있습니다. 그런데 상담내용으로만 보면 일단 식사를 빨리 하는 습관도 그중 한 원인일 거라 생각됩니다. 미국 로드 아일랜드 대학에서 '천천히 먹기'가 다이어트에서 매우 중요한 요인임을 다시 한 번 입증한 연구 결과를 발표했는데요. 빨리 먹을수록 더 많이 먹고 뚱뚱한 사람이 마른 사람보다 더 빨리 먹으며 남성이 여성보다 더 빨리 먹는다는 것이었습니다.

식사속도를 늦추는 것은 쉽지 않은 일이지만 도전해 볼 만한 가치가 있답니다.

몇 가지 노하우를 알려드릴 테니 한 번 실천해 보시기 바랍니다.

1. 젓가락으로 먹는다

인도 비만협회에서는 비만인 사람에게 젓가락만을 사용해서 식사하는 다이어트 방법을 적극 추천하고 있다고 합니다. 아무래도 한 번에 먹을 수 있는 밥의 양이 줄다보니 당연히 밥 한 공기를 비우는 데 시간이 더 오래 걸리기 때문입니다.

2. 음식을 여러 번 씹는다

음식을 씹는 운동은 포만감을 느끼게 해주고 체내 지방 분해도 증가시킵니다.

실제 30번 이상 씹는 연습을 적용한 사람들은 대부분 조금만 먹어도 배부르다는 말을 하였답니다.

3. 스스로 노력해야 합니다

습관을 바꾸는 것은 부단한 노력을 필요로 합니다. 밥과 반찬을 한 번에 입에 넣지 말고 밥을 먹은 후 반찬을 먹는 행동들을 반복하다 보면 천천히 먹는 식습관이 자리 잡게 될 것입니다.

Q 전 비만이면서 당뇨약(저혈당제)을 복용 중인데, 다이어트를 하고 싶습니다. 그러나 저혈당의 위험 때문에 식사량을 줄이기가 어렵습니다. 어떻게 하면 좋을까요?

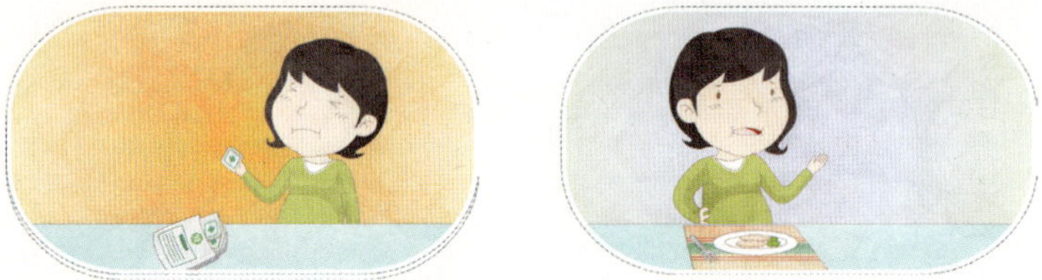

A 당뇨환자에게 식단조절은 다이어트와 상관없이 매우 중요한 것입니다. 식사량을 조금씩 줄여나가면서 음식의 종류를 잘 선택하고 매일 규칙적으로 가벼운 운동을 한다면 체중도 줄이고 당뇨조절에도 도움이 될 것입니다.

다만, 저혈당제를 복용하시는 분들은 식사를 거르거나 지나친 운동을 할 경우 저혈당이 발생할 수 있으므로 식사를 거르지 말고, 운동은 가벼운 운동부터 시작해서 점차 운동 강도를 늘리는 것이 바람직합니다.

지나친 운동 등으로 저혈당이 발생할 경우 빠른 시간에 혈당을 올릴 수 있는 사탕, 초콜릿, 과당주스 등 간단한 간식을 먹는 것이 좋지만, 평상시에는 단 음식을 피하고 채소와 기름기 적은 단백질 식품을 충분히 섭취한다면 배고픔도 줄이면서 혈당조절에도 도움이 될 것입니다.

내 몸의 상태 파악하기

비만판정

비만판정법은 체지방 측정법과 신체지수 이용 측정법이 있습니다

비만은 체지방이 과다한 상태를 말하며, 비만판정법으로는 체지방을 직접 측정하거나 간단하게 신체지수(키, 체중)를 이용하는 방법이 있습니다. 정상적인 체지방은 남자가 8~15%, 여자는 13~23%로 여자가 남자에 비해 체지방이 많습니다. 성 호르몬의 영향으로 인해 남성은 근육질로 팔 · 다리가 울퉁불퉁하고, 여성은 지방질로 포동포동한 곡선미를 보입니다. 남자는 체지방이 체중의 25%(20% 이상 과체중), 여자는 30%(25% 이상 과체중)를 비만(obesity)이라 판정합니다.

비만판정법

종 류	측정법	원리 및 공식	장 · 단점	기 준
체지방 측정법	수중체중	지방조직의 밀도는 근육조직과 같은 비지방조직의 밀도보다 낮다. (기름이 물 위에 뜨는 것과 같은 원리)	가장 정확하지만 특수장비가 필요하다.	체중의 25%(남), 30%(여) 이상을 비만으로 본다.
	피하지방 두께	피하지방량이 체지방량을 반영한다.	정확도가 떨어진다.	
	생체전기저항	지방조직은 전류에 대한 저항이 높다.	정확한 편이나 특수장비가 필요하다.	
신체지수(키, 체중)를 이용한 측정법	신체질량지수(BMI)	BMI(Body Mass Index) = $\frac{\text{체중(kg)}}{[\text{키(m)}]^2}$	측정이 간편하며, 체지방과 상관성이 높아서 가장 많이 이용된다.	• 18.5 미만 : 저체중 • 18.5~22.9 : 정상 체중 • 23~24.9 : 과체중 • 25~29.9 : 비만 Ⅰ군 • 30~34.9 : 비만 Ⅱ군 • 35 이상 : 비만 Ⅲ군 (대한비만학회, 1999)
	표준체중에 대한 초과비율	브로카법의 변형으로 비만도를 계산하는 방법 • 표준체중(kg) 키 160cm 이상 = [키(cm)−100]×0.9 키 150~160cm 이상 = [키(cm)−150]×0.5+50 키 150cm 이하 = [키(cm)−100] • 비만도(%) $= \frac{\text{현재체중} - \text{표준체중}}{\text{표준체중}} \times 100$	이상체중의 기준 설정이 어렵다.	• 비만 : +20% 이상 • 체중 과다 : +10~+19% • 정상 : −10~+10% • 체중 미달 : −10~−19% • 수척 : −20% 이하

체지방측정법

수중지방측정

지방은 가벼워서 물 위에 뜨고 근육 등과 같은 비지방조직은 물이 많아 지방보다 무겁습니다. 그래서 이러한 원리를 이용해 특수장비로 지방의 함량을 측정할 수 있습니다. 가장 정확한 방법으로는 물속에서 지방을 측정하는 수중지방측정이 있습니다.

DEXA

직접 밀도를 측정하는 특수장비(bod pod)가 체지방 측정에 사용되거나, X-레이를 이용하는 체조성 측정기(DEXA : Dual Energy X-ray Absorptiometry)를 사용하기도 하나 워낙 고가의 장비라 피하지방 두께 등과의 상관관계를 바탕으로 수식화하는 연구에 주로 사용되고 있습니다.

피하지방 두께 측정

체지방의 절반이 피하에 분포되어 전체 체지방량을 반영할 수 있다는 가정하에 피하지방 두께를 측정하여 공식에 넣어 체지방량을 구합니다. 보통 팔 뒤의 삼두박근 부위의 피하지방 두께를 측정하나 등 뒤의 견갑골 아래, 복부의 장골 위, 허벅지 등을 함께 측정하면 더 정확한 체지방량을 얻을 수 있습니다.

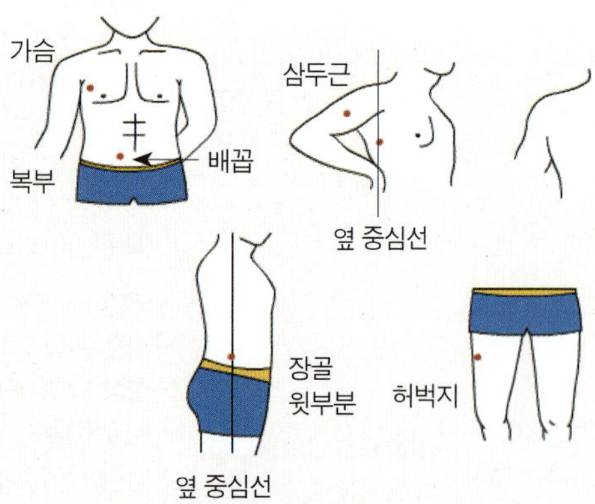

피하지방 두께 측정 부위

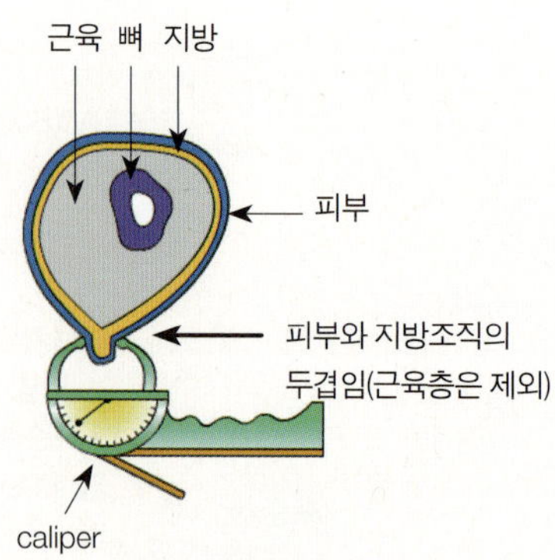

피하지방 두께 측정

생체 전기저항측정법을 이용하는 초정밀 신체성분측정기

수분과 전해질이 적은 지방조직은 전기저항이 높고 근육과 같은 비지방조직은 수분과 전해질이 풍부하므로 인체에 해롭지 않을 정도의 전류를 통과시켜 체지방을 측정하는 방법입니다. 우리나라에서 생산하는 초정밀 신체성분측정기는 해외로 많이 수출되어 전 세계적으로 많이 이용되고 있습니다.

초정밀 신체성분 측정기
출처 : (주) 바이오스페이스

간단하게 체중계처럼 생긴 체지방계는 가정에서 많이 사용하고 있습니다.

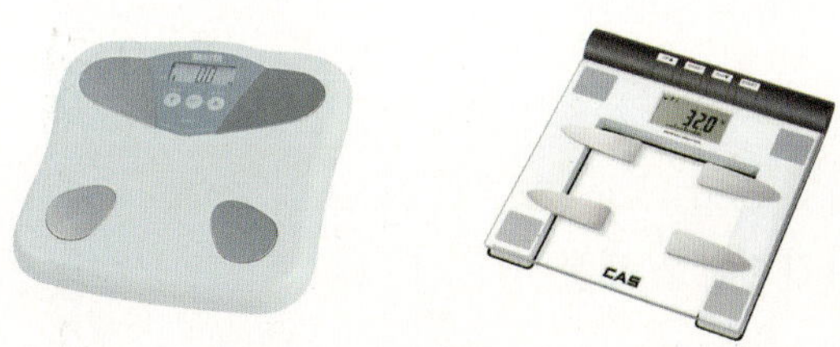

체지방계

신체지수 이용 측정법

신체질량지수 이용법

정확도는 떨어지나 간편하므로 일반적으로 많이 사용되는 방법입니다.

신체질량지수(BMI : Body Mass Index)는 체지방량과 상관관계가 높고 남녀 모두에게 적용할 수 있는 간편한 방법입니다. BMI가 18.5 미만이면 저체중으로 사망률 증가 위험이 약간 있고, 18.5~22.9이면 정상으로 건강상 바람직합니다. 23~24.9이면 과체중으로 건강상 위험이 증가하는 저위험군, 25~29.9이면 비만으로 건강상 위험군, 30~34.9는 중등비만으로 건강상 중등위험군, 35 이상이면 고도비만으로 건강상 사망률이 급증하는 고도위험군입니다. 하지만 성장기 아동, 65세 이상 노인, 임신 · 수유부, 운동선수와 같은 사람에게는 신체 특성상 BMI를 적용할 수 없다는 단점이 있습니다. 또한 아시아인은 백인에 비해 BMI가 낮고 체지방률이 높아서 상관관계가 떨어집니다. 특히, 한국 여성은 신체지수로는 비만이 아닌데 체지방을 측정해 보면 비만인 사람이 많으므로 병원에서 전기저항측정법을 이용해 체지방을 재거나 체지방저울을 이용해야만 비만판정을 할 수 있습니다. 즉, 정확한 체지방측정만이 정확한 비만판정을 할 수 있습니다.

표준체중(이상체중) 이용법

표준체중(이상체중)을 이용하는 방법은 간편하지만 운동선수와 같은 근육질의 사람은 체중이 과체중이라 해도 비만이라고 볼 수 없는데, 그 이유는 대부분이 근육질의 무게이기 때문입니다. 그래서 키에 따라 표준체중을 계산하는 방법을 변형시키고, 미국의 경우 생명보험회사에서 사람의 골격에 따라 표준체중을 제시하기도 합니다.

나는 비만일까

체중조절을 위한 자가진단을 해봅시다

이제부터 체중조절을 위한 기초 공부를 할 때입니다. 먼저 화장실 또는 달력이 걸려있는 방이나 거실 근처에 체중계를 가져다 놓고 일주일에 한 번 정도 정해진 시간에 체중을 체크해서 적어놓는 습관을 가지면 건강한 체중조절의 기본을 마스터한 단계입니다. 근처에 커다란 전신용 거울이 있어서 자신의 체형변화도 함께 관찰할 수 있으면 더 좋습니다.

계산기와 줄자를 이용한 자가진단

지금부터 계산기, 연필, 형광펜을 준비하여 빈 칸에 차례차례로 적어가며 계산기를 사용해 수식에 맞게 계산한 결과를 적어 넣습니다.

먼저, BMI를 공식에 따라 계산해 보겠습니다.

키는 m로, 몸무게는 kg으로 넣고 계산해 보세요.

BMI는 몸무게 kg을 키의 제곱미터로 나누어준 값입니다.

계산 결과 18.5 미만이라면 체중 미달, 18.5~22.9는 정상, 23~24.9는 체중 과다, 25~29.9는 비만 I 군, 30~34.9는 비만 II군, 35 이상이면 비만 III군입니다. 여기서 정상 체중에 들어가지 못하는 사람과 복부비만의 가능성이 높은 사람은 건강상 위험하므로 맞춤영양정보의 실천을 통해 정상 범위에 들어가도록 노력해야 합니다.

나의 신체질량지수(BMI) 계산하기

키 : ____________________ m

체중 : ____________________ kg

$$\text{BMI} = \frac{\text{체중(kg)}}{\text{키(m)}^2}$$

나의 BMI : ____________________

위의 계산결과 나의 BMI에 해당하는 곳에 형광펜으로 표시합니다.

- 18.5 미만 : 체중 미달(저체중)
- 18.5~22.9 : 정상(정상체중)
- 23~24.9 : 체중 과다(과체중)
- 25~29.9 : 비만 I 군
- 30~34.9 : 비만 II
- 35 이상 : 비만 III군

자신의 비만도를 계산하기 위하여 우선 자신의 키에 맞는 표준체중을 브로카(Broca) 방법의 변형으로 계산합니다. 키가 160cm 이상이면 키에서 100을 빼고 곱하기 0.9를 해줍니다. 키가 150~160cm면 키에서 150을 뺀 것에 0.5를 곱한 후 50을 더합니다. 키가 150cm 이하라면 키에서 100을 뺀 값을 표준체중으로 합니다.

비만도란 %로 나타내는데, 현재 여러분의 체중에서 표준체중을 빼주고, 표준체중으로 나누면 됩니다. 자신의 비만도가 어디에 해당되는지 확인해 보세요.

−20% 미만으로 나오면 저체중으로 수척하다, 허약하다 라고 이야기할 수 있고, −19~−10%는 체중미달에 속합니다. −10~+10%는 정상, +10~+19%는 과체중으로 판정되며 20% 이상은 비만이라고 합니다. 여기에서도 정상체중 범위에 들어가지 못하는 사람은 맞춤영양정보의 실천을 통해 정상범위에 들어가도록 노력해야 합니다.

나의 비만도 계산하기

나의 표준체중(이상체중) (kg) : ______________ kg

자신의 키에 맞는 표준체중(이상체중)을 아래 식으로 계산합니다.
브로카 방법의 변형으로 비만도를 계산하는 방법은 다음과 같습니다.

- 키 160 cm 이상 : {키(cm)−100}×0.9
- 키 150~160 cm : {키(cm)−150}×0.5 + 50
- 키 150 cm 이하 : {키(cm)−100}

$$비만도\ (\%) = \frac{현재\ 체중 - 표준체중}{표준체중} \times 100$$

나의 비만도 : ______________ %

위의 계산에서 나의 비만도에 해당하는 곳에 형광펜으로 표시합니다.

- −20% 미만 : 수척(저체중)
- −10~−19% : 체중 미달
- −10~+10% : 정상
- +10~+19% : 과체중
- +20% 이상 : 비만

예전에는 허리와 엉덩이둘레의 비를 재서 계산하여 복부비만을 판정하였지만 엉덩이둘레는 유전적인 영향이 커서 한국인 복부비만 판정기준은 허리둘레만을 측정하여 여성은 85 cm(34인치) 이상, 남성은 90 cm(36인치) 이상일 경우 복부비만으로 간주합니다. 여기서 복부비만의 가능성이 높은 사람은 건강상 위험하므로 맞춤영양정보의 실천을 통해 복부비만을 치료하도록 노력해야 합니다.

나의 허리둘레 재보기

허리둘레 : ____________ cm

- 남성 : 90 cm 이상이면 복부비만
- 여성 : 85 cm 이상이면 복부비만

앱을 이용한 자가진단

계산기를 이용하지 않고도 쉽게 자가진단을 할 수 있는데, 바로 앱을 이용하는 것입니다. 굳이 식을 외워 계산기로 두드리지 않아도 간단하게 확인할 수 있습니다. 다양한 앱들이 있는데, 이 중 한 가지만 안내해 드리도록 하겠습니다.

이상적인 체중

이 앱은 숫자를 입력하는 것이 아니라 신장과 체중 부분을 돌려가며 맞추면 이상체중과 BMI가 화면에 보이는 앱입니다.

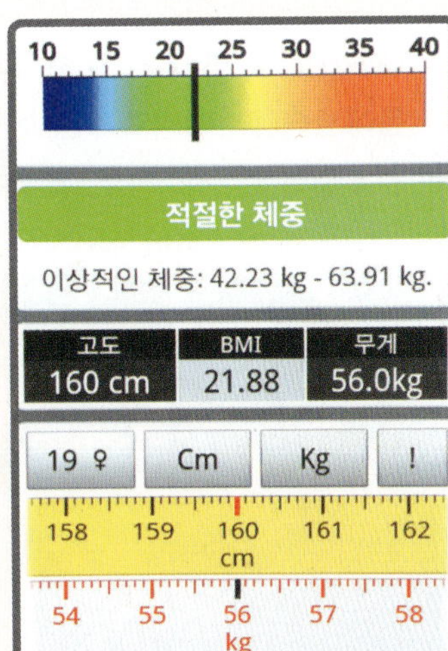

앱을 이용한 자가진단

이 외에도 마음에 드는 앱을 찾아 스마트폰에 설치 후 가족이나 친구들의 비만을 진단해 봅시다.

건강한 체중조절을 위한 Q & A

Q 체중조절을 위해 소식을 하면 변비가 되는데…

A 배변도 습관입니다. 잠자리에서 일어난 직후나 음식을 먹은 직후에 반사운동으로 변의를 느끼는 것이 보통인데, 이때를 놓치지 말고 편한 마음으로 배변을 하루에 한 번은 해야 변비가 되지 않습니다. 채소를 많이 먹어 수분을 충분히 보충해 주어야 식이섬유소가 스펀지처럼 수분을 흡수해 무거워진 스펀지가 밖으로 밀려 내려오게 됩니다. 음식 찌꺼기인 변이 배설되지 못하고 장에 머무르면 그곳에서 부패되면서 독소 등이 발생해 건강에 해롭고 그만큼 체중도 더 나갈 수 있습니다. 변비 그 자체로 체지방이 늘어가는 것은 확실하지 않지만, 다만 물 무게나 변 무게 등도 체중을 늘게 할 수 있습니다.

화장실을 가고 싶은 그때를 놓치면 변 덩어리가 대장에서 수분이 흡수되고 압착되어 변비가 된다고 생각하면 됩니다. 아침에 일어나기 전에 배를 복식호흡으로 움직여 주는 장운동을 해주면 쉽게 변의를 느낄 수 있고, 자리에서 일어나서 차가운 주스(냉수)를 마셔 주면 배변활동에 좋습니다. 그리고 스펀지처럼 물을 흡수하여 변의 부피를 늘려 주어 변이 장에 머무는 시간을 줄여주는 식이섬유소를 충분한 물과 함께 섭취하는 것도 변비 예방에 좋습니다. 식이섬유소는 채소, 과일, 잡곡 등에 많이 들어 있으며 함께 수분도 충분히 공급해 주면 배변활동에 도움이 됩니다. 수분이 충분히 공급되지 않으면 마른 스펀지처럼 식이섬유소 자체가 변통을 막을 수도 있으니 주의하시기 바랍니다.

Q 체중은 언제 재보는 것이 좋은가요?

A 보통 체중은 하루에 500 g~1 kg 정도 차이가 납니다. 화장실에 다녀오거나 식사 직후 체중이 변할 수 있습니다. 잠자는 사이에 수분의 변화가 있을 수 있으므로 잠자리에서 일어나 화장실을 다녀오면 밤새 체중이 줄어든 것 같을 수 있습니다. 그러므로 체중 측정은 하루 중 어느 시간에 하는 것이 좋다고 할 수는 없습니다. 본인이 일정하게 아침에 화

장실을 다녀온 후에 잰다든가 또는 밤에 잠자기 전에 잰다든가 하여 하루 중 일정한 시간을 잡아 측정하고 바로 기록하면 됩니다.

보통 하루에 1 kg 내외로 차이가 나므로 체중조절을 할 때는 매일 재지 않고 일주일에 1~2번 정도 재는 것도 괜찮습니다. 또한 체중조절 중 단기간의 체중변화에 과민하게 반응하여 더 이상 체중감량이 없으면 실망하고 포기하기 쉬운데, 체중은 직선으로 감소하는 것이 아니라 어느 때는 감소하다가 어느 때는 더 이상 감소하지 않는 평평한 상태, 즉 고원상태(pleateau)를 유지하다가 꾸준한 식이요법, 유산소운동, 행동수정 등을 통해 일주일에 1 kg 정도의 감량 목표로 올바른 체중조절을 위한 실천을 하게 되면 다시 감소하는 형태를 보입니다. 특히, 고원상태에서는 운동량을 조금 늘려서 실천하면 좋은데요. 예를 들어, 한 번에 30분씩 걷던 것을 50분으로 늘린다든가 하는 것 말이죠?

이렇게 하면 다시 체중감량이 진행되어 효과적일 수 있습니다. 최근에는 체지방을 측정하는 저울도 있어서 체중변화뿐 아니라 체지방량도 측정하는 것이 비만치료에 도움이 될 수 있습니다.

체지방 저울은 몸의 수분량에 의해 영향을 받을 수 있으므로 하루 중 일정한 시간에 측정하고 기록하는 것이 바람직합니다. 눈에 잘 띄는 곳에 저울 외에 전신거울을 걸어 두고 스트레칭 체조나 활기차게 걷는 모습 등을 보면서 체형의 변화를 살펴보세요.

그러면 훨씬 자신감 있는 보디 이미지를 만드는 데 도움이 될 것입니다.

다이어트 전략 세우기

다이어트 성공을 위한 필수 개념

비만은 암보다 성공률이 낮습니다

암 환자가 5년간 살아남을 확률과 비만치료 후 감량된 체중을 5년간 유지할 확률 중 어느 것이 높을까요? 암이 무서운 병이니까 당연히 비만치료의 성공률(비만치료 후 감량된 체중을 5년간 유지하는 것을 비만치료의 성공이라 합니다)이 높을 것이라 생각하겠지만, 사실상 비만이 암보다 더 성공률이 낮습니다.

암 환자가 살아남는 것보다 힘든 것이 바로 비만치료입니다. 그러므로 비만치료를 할 때에는 투병의지를 가지고 단 한 번의 치료로 잘못된 습관을 고치고 유지할 수 있도록 노력해야 합니다.

비만인 사람이 욕심을 내서 단기간에 체중감량 목표를 높게 잡으면 건강을 해칠 뿐만 아니라 부작용도 생겨 더 무서운 결과를 초래합니다. 감량 목표를 3~5 kg 정도로 하여 너무 무리하지 않고 1~2달 정도에 걸쳐 감량하는 것이 바람직하며, 이런 방법으로 감량했을 때 건강은 상당히 호전되어 암, 고혈압, 심장병, 당뇨 등으로 사망할 수 있는 위험률이 20% 이상 줄어들었다는 연구보고도 있습니다.

'웨이트 사이클링' 비만치료의 거듭된 실패

체중감량을 하고 얼마 후에 다시 원래 체중으로 돌아가는 상황(yo/yo effect), 즉 비만치료에 실패를 거듭하여 어떻게 될까를 살펴보는 것을 학술적으로 '웨이트 사이클링(weight cycling)' 이라고 합니다. 1980년대 후반에 실험쥐를 대상으로 웨이트 사이클링을 연구해 보았더니 결국 실험쥐는 관상동맥심장병으로 사망하였습니다. 쥐에게 달고 기름진 음식을 많이 먹게 해서 비만 쥐를 만든 후 조금만 먹이거나 굶겨서 체중을 줄이고 또 다시 많이 먹여서 살을 찌우고 다시 살을 빼게 하였습니다. 이렇게 반복적으로 체중증가와 체중감소를 해주었더니 실험동물의 혈액에는 지방의 이동이 늘어서 수세미에 기름이 엉긴 듯한 찌꺼기가 생겼습니다. 이것은 하수도에 찌꺼기가 쌓이듯 동맥

혈관 등에 지방이 쌓여 동맥의 탄성이 없어지고 굳어버리는 동맥경화증이 생긴 것입니다. 동물실험의 결과를 사람에게 그대로 적용할 수 없다는 논란이 제기되고 있으나 그 가능성을 배제할 수는 없으므로 무리하지 않는 범위 내에서 감량된 체중을 유지하고자 하는 의지가 꼭 필요합니다.

음식에 욕심이 많은 사람이 비만이 되기 쉽고 치료를 할 때도 무리하게 욕심을 내어 건강을 해치는 경우를 흔히 볼 수 있습니다. 특히, 체중감량이 될 때는 건강유지에 필수적인 단백질과 수분, 전해질 등을 지방과 함께 잃게 되지만 체중조절에 실패하면 다시 체중이 늘고 대부분이 기름 덩어리(지방)가 되므로 웨이트 사이클링이 더 위험할 수 있습니다.

요요현상은 일정체중 유지이론 때문

요요현상은 체중이 감량된 후 다시 요요가 튀어 오르듯 원래 체중으로 돌아오는 현상을 말하며, 비만치료의 대표적인 실패현상이기도 합니다.

이 현상을 설명할 수 있는 이론으로 일정체중 유지이론(set point theory)이 있습니다. 우리의 머리는 컴퓨터와 같아서 이곳에 자신의 체중, 지방량이 설정되어 있어 그 값을 유지하려 한다는 것입니다. 예를 들어, 자신의 머릿속에 체중이 58 kg이라고 쓰여 있으면 단식을 하여 50 kg로 체중을 줄였다 해도 자신의 머릿속에서는 50 kg인 자신은 가짜라고 생각해서 마구 식욕을 늘려 머릿속에 쓰인 58 kg으로 만들려고 노력한다는 것입니다. 그러므로 이 이론에 의하면 체중이 줄었다가 금방 원래 체중으로 돌아가는 요요현상이 나타날 수 있습니다.

그렇다면 이 이론을 바탕으로 하여 어떻게 요요현상을 막을 수 있을까요. 머릿속에 쓰인 체중을 서서히 지운 후 새로 써 주면서 체중을 빼야 합니다. 위의 예에서 설정된 체중인 58 kg를 지우고 57.5 kg으로 새로 설정해 준 후, 다시 지우고 57 kg으로 새로 설정, 다시 지우고 56.5 kg으로 새로 설정하는 것처럼 일정체중을 함께 낮추어야 요요현상도 일어나지 않을 수 있습니다.

일정체중에 영향을 미치는 것으로 지방과 설탕이 있습니다. 달고 기름진 음식을 많이 먹으면 설정된 체중을 자꾸 지우고 올라가게 하므로 고지방/고당질 음식을 피해야 합니다. 기름기가 많은 갈비, 삼겹살 등의 육류, 생크림케이크, 파이, 과자, 튀긴 음식 등을 좋아하는 사람은 자꾸 자꾸 일정체중이 올라가 비만이 될 수 있으므로, 비만치료 시에는 달고 기름진 음식의 섭취를 제한하고 채소 등의 저지방 식품을 섭취하여 일정체중을 낮추어야 합니다.

단 음식의 섭취를 제한해야 하는 이유가 두 가지 더 있습니다.

- 식욕촉진 호르몬인 그렐린과 식욕억제 호르몬인 렙틴의 균형이 깨지면 식욕조절에 문제가 생겨 비만이 생길 수 있습니다. 만일 렙틴이 분비하지 않는다면 어떻게 될까요? 무제한으로 음식을 섭취하게 되어 비만이 됩니다. 동물실험을 통해 확인해 본 결과 유전자를 변형하여 렙틴이 분비되지 않게 만들자 비만이 되었고 렙틴을 투여하자 체중감량이 되었습니다. 하지만 사람의 경우 렙틴 결핍에 의한 비만은 매우 드문 경우이며, 비만인의 경우 대부분은 혈중 렙틴 농도가 높습니다. 즉, 과도한 체지방으로 인해 렙틴 분비는 증가하였지만 막상 식욕을 떨어뜨리는 작용은 제대로 못하고 있는 상태인 '렙틴저항성'이 증가된 것입니다. 이런 경우 렙틴을 투여하는 것은 도움이 못되며, 렙틴이 제대로 작용을 할 수 있도록 렙틴의 감수성을 높여야 합니다. 특히, 동물실험 결과 설탕물과 같은 고당질 섭취는 렙틴의 저항성을 높여 비만을 더욱 유발하였으므로 청량음료나 과자 등의 섭취는 가급적 피하는 것이 좋습니다.
- 단 음식은 혈당을 높혀서 인슐린의 분비를 증가시키는데, 인슐린은 체지방의 합성 및 축적을 돕고 체지방의 분해는 억제하는 호르몬으로서 계속 군것질 등을 통해 단 음식을 수시로 먹는 사람은 비만이 되기 쉽고 비만치료도 방해하므로 청량음료, 과자 등의 섭취를 주의해야 합니다.

요요현상

건강에 해로운 방법으로 체중을 줄였다가 요요현상(yo-yo effect)으로 다시 원래 체

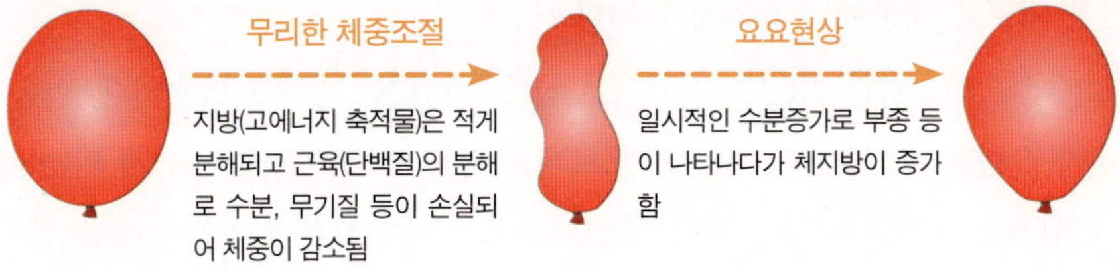

무리한 체중조절과 요요현상

중으로 돌아온다면 처음보다 체지방의 양이 훨씬 늘어날 수 있습니다. 체중이 줄 때는 고에너지 축적물인 지방은 적게 분해되고, 건강에 필수적인 단백질(근육)의 분해로 수분과 무기질 등의 손실을 가져옵니다. 그리고 요요현상에 의해 원래 체중으로 돌아올 때면 일시적인 수분량의 증가로 부종 등이 나타나다가 대부분 체지방의 증가로 체중증가가 나타납니다. 이런 체조성 변화에 대해 논란의 여지도 있으나, 체중감량에 실패하고 요요현상이 나타나면 훨씬 건강에 해로울 수 있습니다. 경우에 따라서는 요요현상만 나타나는 것이 아니라 식욕중추가 망가져서 무섭게 병적으로 살이 찌거나 전혀 식욕이 없어서 말기 암 환자처럼 쇠약해서 사망에 이르기도 합니다. 실제로 무리하게 욕심을 내서 체중감량을 하다가 건강을 해친 사례가 많이 보고되고 있습니다.

무리한 체중조절로 인해 나타나는 증상

함께 아름다워지기

소그룹이나 동호회 만들기

체중조절과의 전쟁은 여럿이 함께 서로 격려하고 체험을 공유하는 것이 효율적입니다. 10명 내외의 소그룹을 만들어 운동을 하거나 동호회를 만들어 서로에게 지속적인 관심과 정보를 제공하는 것도 좋은 방법입니다.

비만은 외로움 때문에 생기기도 합니다

비만은 너무 외로워서 먹는 것을 친구로 삼아 나타나는 경우도 많습니다. 마음이 허전해서 자꾸 냉장고 문을 열고 자신도 모르게 음식을 먹는 것이 살이 찌게 되는 원인이 되는 것입니다. 그러므로 항상 깨어 있는 마음으로 체중조절에 대한 문제를 인식하고 자신의 입으로 들어가는 것을 살펴보는 것으로 비만을 예방해야 합니다. 무의식적으로 먹으면 위는 마냥 풍선처럼 늘어나므로 주의해야 합니다. 취미가 먹는 것이라면 다른 활동에 재미를 찾아보고 늘 먹는 것에 대한 생각에서 자유로워져야 합니다. 오로지 다이어트만 생각하면 더 먹고 싶어집니다. 안 먹으려고 하는 의지도 먹고자 하는 의지에서 자유롭지 못한 집착이므로 아예 먹는 시간 등을 정해 놓고 실제 입으로 들어갈 때만 의식적으로 잘 선택하여 먹도록 해야 합니다.

가족이 함께 체중조절에 관심을 가지고 격려하며 실천하는 것을 도와주는 것도 바람직한 방법입니다.

외로움, 비만 – 담배 – 술만큼 나쁘다

미국에서 사람의 사회적 네트워크와 건강의 상관관계를 평균 7년 반 동안 추적한 148개의 연구자료를 재분석한 결과에 의하면, 외로움은 알코올중독, 흡연, 과식만큼 건강에 치명적이라고 합니다. 외로움은 하루에 담배를 15개비씩 피우는 것, 알코올중독이 되는 것에 맞먹을 만큼 건강에 해로웠고, 운동을 전혀 하지 않는 것보다 건강에 더 큰 손상을 가져왔습니다.

출처 : 코메디닷컴 뉴스(2010. 8. 29).

자신의 체중조절 체험을 글로 올리거나 공개하기

또한 자신의 체중조절 체험을 글로 올리거나 공개하는 것도 자신을 돌아보고 새롭게 건강한 체중조절 전략을 세우는 좋은 계기가 될 것이고, 주위의 다른 친구들에게는 간접 체험을 통해 시행착오를 줄일 수 있는 생생한 정보를 줄 수 있습니다. 무엇이든 나눌 수 있다는 것은 좋은 일이며, 혼자 있어도 외롭지 않게 해주는 든든한 버팀목과도 같습니다.

체중조절에 대한 각오를 알리고 협조와 격려를 받읍시다

이제부터 차근차근 건강한 체중조절의 전략을 세우고 실천하기 위해 마음을 편하게 가집니다. 그리고 우선 가까운 가족이나 친구들에게 체중조절 이야기를 공유하며 체중조절에 대한 자신의 각오를 알려서 협조와 격려를 받도록 합시다. 병은 널리 알리고 밝은 마음으로 공개적으로 출발하는 것이 성공의 시작입니다.

함께 아름다워지기

구 분	내 용
소그룹이나 동호회 만들기	
체중조절 체험 공개하기	
주위에 자신의 각오 알리기	

건강한 체중조절을 위하여

맞춤다이어트 전략을 세우자

집중 → 메모 → 실천

이제 건강한 체중조절을 위하여 각자 마음에 활을 쏘듯 집중할 때입니다. 마음이 고요히 집중되면 모든 것이 잘 보이고 잘 들리며 쏙쏙 들어갑니다. 그런 다음 체중조절에 알맞은 정보라고 판단되면 메모해 놓고 실천할 수 있도록 교재를 늘 옆에 가지고 다니면서 체중조절 다이어리로 활용하기 바랍니다.

살이 찌고 싶은 사람은 살찌는 데 필요한 정보와 자신의 생활을 자연스럽게 고쳐갈 수 있는 정보나 방법 등을 적어 보고 비만치료를 하고 싶은 사람은 반대로 하면 됩니다. 하지만 체중조절의 기본원칙이 있다 해도 누구에게나 똑같은 방법이 적용되는 것은 아니며, 각자의 수만큼 다양한 방법이 있을 수 있습니다. '친구 따라 강남 간다' 는 식의 다이어트는 이제 잊어버리고 21세기 개개인의 개성과 삶의 질을 소중히 하여 실천하기 쉽고 올바른 정보로 개인의 건강을 증진시키는 맞춤 체중조절 전략을 각자 세워 봅시다. 한번 실천하기는 어렵지만, 시작이 반(=50%)이니까(50%+1번), 적어도 세 번만 실천하면 올바른 정보를 선택했다는 자신감이 생기고, 반복하면 할수록 자연스럽게 좋은 습관이 여러분을 행복하게 해 줄 것입니다.

비만치료의 세 가지 원칙

최근의 질병은 생활습관병이라고 해서 나쁜 습관이 모여서 병이 된다고 합니다. 설마 내가 병에 걸리겠냐 하면서 담배, 술, 폭식, 결식, 짜고 맵게 먹다보면 폐암, 간암, 고혈압, 위암 등 반드시 병이 나타난다는 것이 증명되고 있습니다. 이것은 남의 이야기가 아닙니다. 건강하던 내 몸이 나쁜 습관을 고치지 않으면 반드시 병자루가 됩니다.

비만이 되는 것도 과잉으로 섭취된 열량이 자꾸자꾸 쌓여서 되는 것이니 잘못된 식습관 및 생활습관을 바로 잡는 것이 매우 중요합니다. 이는 체중감량 후 요요현상이 나타나는 것을 방지하기 위해서도 필수적입니다.

비만치료의 원칙은 식이요법, 운동요법, 행동수정요법을 병행하는 것이며 개개인의 비만의 원인을 철저히 규명하여 각자에게 적합한 방법을 사용해야 합니다. 물론 마른 사람이 체중을 늘리려고 해도 위의 세 가지 원칙을 병행해서 잘못된 식습관 등의 원인을 고쳐가야 합니다.

좋은 체중조절 프로그램은 위의 세 가지 요소를 포함해서 장기적이며 영구적으로 생활의 변화를 가져올 수 있는 건강증진 프로그램이어야 합니다. 즉, 규칙적인 운동, 다양하고 균형 잡힌 감량식, 식행동의 변화를 가져오는 종합적 프로그램으로서 개인의 기호나 체질에 알맞고 점진적인 것이 좋습니다.

앞으로 세 가지 요소를 하나씩 공부하면서 각자에게 유익한 맞춤영양정보를 수집하고 올바른 체중조절 전략을 구축하여 실천을 생활화하도록 합시다.

비만치료를 위한 생활원칙

가장 건강한 체중조절은 늘 자신의 체중을 관찰하여 1 kg 내외에서 조절하는 것입니다. 이미 비만이 되었거나 너무 말랐다면 어떻게 해야 할까요?

올바른 생각으로 생활한다면 체중조절의 어려움도 극복할 수 있습니다.

건강한 체중조절을 위하여 우리가 할 수 있는 생활원칙을 살펴보면 다음과 같습니다.

솔선수범하는 생활을 하세요

다른 사람보다 먼저 올바른 일을 실천하고 봉사하는 기쁨을 지니면 건강한 체중조절을 할 수 있습니다.

참되고 아름다운 말을 사용하세요

사람은 누구나 자신이 생각하고 행동하는 것처럼 겉모습이 바뀝니다. 참되고 온화한 말을 사용하면 어느새 멋진 품위가 나타나고 그 분위기가 자신의 신체에도 나타나게 됩니다.

겸허하고 예의 바르게 행동하세요

자신을 낮추고 늘 작은 일에도 고마움을 표시합시다. 자신이 소중하고 상처받고 싶지 않듯이 다른 사람들도 마찬가지입니다. 그러므로 상처받지 않게 자신의 입장, 다른 사람의 입장, 올바른 입장을 헤아릴 줄 아는 성숙한 인격을 가진다면 자신의 체중도 건강하고 성숙하게 만들어 나갈 수 있습니다.

삶은 100% 노력입니다

늘 좋은 꿈을 꾸고 그 꿈을 실현하기 위해 정진합시다. 건강한 체중조절은 내 삶의 일부로 어느새 노력의 발걸음만큼 큰 산을 넘을 것입니다.

시작이 반입니다

지금 비록 실수나 시행착오로 비만이거나 말랐다고 해도 그것을 인정하고 새롭게 시작해 보세요. 시작이 반이고 그 다음엔 51%, 52%, 53%… 시작만 하면 아름다움을 향해 나갈 수 있습니다. 올바른 실천은 참 신나는 일입니다.

건강한 체중조절을 위한 Q & A

Q 체중조절을 위해 아침식사는 필수적인가요?

A 아침은 영어로 'Break + fast'가 합해진 것입니다. 혈당이 심하게 떨어져 포도당만 원료로 하

는 두뇌활동이 저혈당으로 원활하게 이루어지지 않는 상태(fast)를 해결해 주는 식사입니다. 여러분이 핸드폰을 충전하는 것과 마찬가지로 걸어다니는 컴퓨터인 우리의 뇌를 충전하기 위해서는 아침이 필수적입니다. 아침에 먹는 음식은 하루를 활기차게 사는 에너지원으로 사용되므로 비만 걱정은 안 해도 됩니다. 건강과 학습능률을 향상시키려면 아침은 꼭 먹어야 합니다. 특히, 단 음식을 좋아해서 비만이 된 사람은 아침식사로 단 음식을 적당량 먹어 주어도 활기차게 하루를 시작하는 에너지원으로 사용되므로 괜찮습니다. 간편한 아침식사로 저혈당상태를 회복하기 위해 천연과일주스, 소화가 잘 되는 탄수화물 식품(떡, 죽, 감자, 고구마, 시리얼 등)을 활용하고, 장 건강에 도움이 되는 요구르트, 과일, 채소 등도 좋습니다.

뇌의 영양은 학습 및 정신적 활동을 하는 사람들에게 필수적이며, 뇌나 신경세포는 철저하게 흡수 및 사용 영양소를 제한하고 있어서(brain blood barrier) 정상상태에서는 에너지원으로 포도당만을 사용하도록 되어 있습니다. 또한 뇌는 수분이 많아서 연두부와 같은 형태로 되어 있으므로 원활한 두뇌활동을 위해서는 간식으로 천연음료, 차 등을 통해 포도당과 수분을 함께 공급해 주는 것이 바람직합니다. 단, 혈당이 높은 당뇨환자들은 과일주스를 마시게 되면 급격히 혈당이 올라갈 수 있으므로 조심해야 합니다.

Q 다른 일을 하면서 음식을 먹으면 뚱뚱해지나요?

A 영화나 TV 시청, 전화 통화 등 다른 일을 하면서 무의식적으로 음식을 먹게 되면 얼마만큼 먹었는지 조절할 수 없어서 비만이 되기 쉽습니다. 이미 비만이 된 사람들이 스스로 먹은 것이 없는데, 살이 찌는 체질이라고 말하는 경우가 흔히 있습니다. 스스로 다른 일을 하면서 무의식적으로 먹었기 때문에 기억을 못하는 경우도 있을 수 있습니다. 실제 먹은 에너지가 활동하는 에너지보다 많아서 과잉의 에너지가 체지방으로 축적된 것이 비만이므로 의식적으로 먹는 것을 관찰하고 통제하는 행동수정이 필수적입니다. 본인의 일상을 녹화한다든가 먹을 때 다른 일을 하지 않으며, 식탁 위에 음식을 놓고 한 자리에서만 먹고, 먹은 즉시 음식과 양 등을 일일이 기록해 보면 비만의 원인을 찾고 스스로 고칠 수 있을 것입니다.

간단하게 체중조절하기

감량식이의 종류 및 특징

감량식이 : LCD와 VLCD

LCD는 보통 비만치료를 위해 음식의 양을 줄여서 하루 800~1,200 kcal 정도를 섭취하는 것을 말하며, 심하지 않은 정도의 비만에서 건강에 무리를 주지 않고 사용할 수 있는 감량식입니다.

VLCD는 비만의 마지막 치료로서 수술요법을 사용하기 전에 비만의 합병증이 심한 중증 비만환자를 치료할 때 사용하며, 보통 음식 대신 조제식이(formula diet)를 사용하고 기한도 최대 3개월(약 12주)까지만 사용합니다. VLCD은 병원에 입원해서 의사의 관리하에 사용하는 감량식이로 하루 800 kcal 이하로 보통 600 kcal 미만으로 감량하는 경우가 많습니다.

이상적인 식이요법의 원칙은 양질의 단백질, 비타민, 무기질, 물을 충분히 공급해 주어야 합니다.

내가 시도해 보았던 다이어트

구 분	내 용
음식조절	
운동조절	
보조식품 이용	
기타	

사례 : 질이 낮은 단백질로 만든 VLCD에 의한 사망의 예

1977~1978년 미국에서 단식할 때 포도당 생성을 위해 체내의 단백질이 분해되는 것을 보충해 줄 수 있는 VLCD(액상 단백질 다이어트)에 의해 2~8개월 동안 비만치료를 시도했던 건강한 비만인 17명이 비만치료 중이거나 체중감량이 끝난 직후에 죽었습니다. 부검을 해본 결과 심장의 근육 단백질이 분해되어서 심장이 제대로 기능을 못하는 심부전이 대부분의 사인이었고 일부는 비타민, 무기질, 수분의 부족으로 수분이나 이온평형이 깨져서 사망한 것으로 나타났습니다. 그렇다면 왜 액상 단백질을 먹었는데도 체내 단백질 분해를 보충해 주지 못했을까요? 필수아미노산이 풍부한 양질의 단백질(순살코기, 생선, 달걀, 콩) 대신 제조원가를 낮추려고 값싼 소가죽, 힘줄을 끓여서 만든 젤라틴이라는 질 낮은 단백질(collagen hydrolysates)을 사용해 체내에서의 단백질 합성이 일어나지 못했던 것입니다. 이 사건 이후 비만치료의 식이요법을 위해서는 양질의 단백질, 비타민, 무기질, 물을 충분히 공급해야 한다는 원칙이 생겼습니다.

균형 잡힌 감량식이가 중요합니다

에너지 균형을 음으로 해주기 위해 저열량식(감량식이)을 할 때 양을 줄여야 하므로 양질의 꼭 필요한 식품으로 골고루 먹도록 해야 합니다. 평소보다 더욱 정신집중을 하여 지혜롭게 소량을 잘 챙겨먹는 것이 다이어트라고 생각하면 됩니다.

뇌나 신경세포는 정상상태에서 포도당만을 에너지원으로 사용하므로 최소 50 g의 포도당을 공급해 주어야 합니다.

건강을 위해 이렇게 하는 것이 지방의 과다연소로 체액이 산성화되어 입에서 아세톤 냄새가 나고 불완전 연소된 케톤체가 소변으로 나가는 것을 막아줍니다.

감량식이의 종류

구 분	방 법	내 용	특 징
저열량 불균형식 (unbalanced low calorie diet)	특정 식품만을 먹는 식사(one-food diet)	포도, 바나나, 해조류 등	• 영양소 불균형 • 단조롭다.
	케톤체 생성식이 (ketogenic diet)	저당질	케톤증, 식욕저하, 체액의 산성화, 피로, 탈수
	고단백식이	고단백(40~45%)	아미노산 분해 시 생성되는 암모니아의 배설을 위해 간과 신장에 부담
	고당질식이	저지방 (10% 미만)	필수지방산, 철분, 지용성 비타민 부족 가능성
저열량 균형식 (balanced low calorie diet)	혼합저열량식	여러 식품 사용	맛있고 균형 잡힌 영양공급
	조제영양식	균질유동식	• 열량 섭취 관리 용이 • 균형 잡힌 영양 • 단조롭다.
	저열량밀도식사	고섬유질, 저지방식	• 느린 섭취속도 • 단조롭다.
단식	완전절식(fasting)		체지방, 체단백질, 전해질 소모, 케톤체 생성 증대
	초저열량식(VLCD)	300~600 kcal	• 완전 절식보다 체단백질 소모의 절약 • 케톤체 생성
	단백질 보충 변형단식	양질의 단백질 보충	체단백 소모의 절약

유행 다이어트

세상에 다이어트 방법은 몇 가지나 될까요?

조금 더 쉽게 다이어트를 하고 싶어하는 소비자들의 욕구에 따라 전문가를 통한 체계적이고 지속적인 방법보다는 쉽게 따라할 수 있는 다이어트 방법들이 유행하고 있습니다.

날씬한 여자 연예인들이나 근육질 남성연예인들의 이름을 딴 다이어트로 많은 사람을 유혹하고 있으며, 홈쇼핑에서는 보조제를 이용하라는 방송이 연일 나오고 있습니다.

가장 많이 알려진 다이어트로는 황제 다이어트(앳킨스 다이어트)나 덴마크 다이어트라고 알려진 고단백질 · 저탄수화물 다이어트일 것입니다.

앳킨스(Atkins)에 의한 탄수화물을 전혀 먹지 않고 고기와 지방을 마음껏 먹게 하는 황제 다이어트는 지방의 과다연소로 입에서 아세톤 냄새(구취)가 나고 소변으로 케톤체가 배설되는 부작용이 나타나는 '케톤체 생성식이(ketogenic diet)'로서 건강에 해롭습니다. 황제 다이어트보다는 제한이 덜하지만 덴마크 다이어트도 시행 초기에는 체중 감량의 효과가 크나 탄수화물 섭취가 제한되어 역시 케톤증이 유발되고 고콜레스테롤의 위험성이 크게 증가됩니다. 더구나 탄수화물 음식에 대한 욕망도 커지고 모든 요리에 소금을 첨가하지 않으므로 맛도 없어 중도 포기자가 많습니다.

또한, 극단적으로 특정 음식이나 특정 영양소를 먹으면 영양의 불균형이 나타나고 식이가 단조로워서 오래 지속할 수 없는 단점이 있습니다. 건강에도 해롭고 효과도 없는 것이 한 가지 음식만 먹는 다이어트(one-food diet : 포도 다이어트, 바나나 다이어트, 달걀 다이어트, 강냉이 다이어트, 감자 다이어트 등)이며, 평생 한 가지 음식만 먹고는 체중조절을 할 수 없습니다.

미국영양사협회에 따르면 다음과 같이 광고하는 다이어트는 따라하지 말라고 경고하고 있습니다.

- '단 10일 만에 10 kg 감량' 등 빠르게 체중을 줄일 수 있다고 하는 것
- 비만의 원인은 살피지 않고 어떤 경우라도 체중을 줄일 수 있다고 하는 것
- 일부 특정한 음식을 특정한 끼니에 먹으라고 하는 것
- 특정 음식의 섭취를 철저히 제한하는 것

혹시 위에서 소개한 다이어트 외에 요즘 유행하는 다이어트에는 어떤 것이 있을까요? 요즘 유행하고 있는 최신 다이어트에 대해 조사해 보고 장 · 단점도 판단해 보아 좋은 것은 취하고 나쁜 것은 타산지석(他山之石)으로 삼읍시다.

원푸드 다이어트에 사용되는 식품

유행 다이어트 찾아보기

다이어트명	
특징	
장점	
단점	
비고	

간단한 체중조절

건강한 체중조절을 위한 가장 간단한 방법은 무엇일까요?

간단하게 체중조절을 할 수 있는 방법에 대해 몇 가지 정보를 더 알아볼까 합니다.

미국의 건강 · 의료 사이트 '웹 엠디(Web MD)'에서는 '다이어트 안해도 살 뺄 수 있는 6가지 방법'과 '다이어트에 실패하는 이유 7가지'를 발표했습니다. 이 중에서 쉽고 간단하게 본인에 맞추어 오늘부터라도 적용할 수 있는 것은 없을까요?

다이어트 안해도 살 뺄 수 있는 6가지 방법

천천히 식사하기

타임스위치를 20분에 맞추고 식사를 해보자. 알람이 울릴 때까지 조금씩 천천히 식사를 하면 먹는 기쁨이 커지고, 온 몸이 호르몬으로 충만해진다.

이런 습관을 유지하면 자기도 모르게 체중이 서서히 줄어든다.

충분히 잠자기

밤에 1시간을 더 자면 1년에 6.4 kg(14파운드)의 살을 뺄 수 있다는 연구결과가 있다. 이는 잠자는 시간을 늘리면 할 일 없이 빈둥거리는 시간을 줄이게 되고, 이때 스낵 등 군것질하는 버릇을 끊게 돼 섭취 칼로리를 6% 줄여 주는 것으로 나타났다.

수면을 충분히 취하지 못하면 식욕을 증진시킨다는 연구 결과도 있다.

꼭 끼는 옷 쳐다보기

당신이 날씬했을 때 입었던 드레스나 스커트, 청바지 등을 잘 보이는 곳에 항상 놓아두라.

보는 것만으로도 살을 빼는 데 큰 도움이 된다. 몇 달 안에 꽉 끼는 옷을 입을 수 있다는 목표를 세우고, 이를 자주 떠올려라.

길고 홀쭉한 잔 사용하기

짧고 납작한 잔보다 길고 홀쭉한 잔을 사용하면 주스나 탄산음료, 와인 등 음료수의 양을 25~30% 줄이는 것으로 나타났다.

연구에 따르면, 사람들은 보통 짧고 납작한 잔에 음료수를 더 많이 따르는 것으로 나타났다.

집에서 식사하기

일주일에 적어도 5번은 집에서 만든 음식으로 식사를 하자. 음식 만들기는 생각보다 어렵지 않다. 마트에는 손질된 살코기와 채소, 콩통조림, 훈제된 연어 등이 있다. 이런 식재료를 사용하면 쉽고도 빠르게 건강에 좋은 음식을 만들 수 있다.

민트 껌 씹기

군것질이 하고 싶을 때 민트(박하)향이 나는 무설탕 껌을 씹어라. 일을 마치고 집에서 음식을 만들 때나 TV를 볼때, 인터넷 서핑을 할 때에도 민트 껌을 씹으면 스낵을 무의식적으로 집어 먹는 습관을 없앨 수 있다. 진한 향이 나는 껌은 다른 음식 냄새를 압도하기 때문에 식욕을 잠재울 수 있다.

출처 : 미국 Web MD.

다이어트에 실패하는 이유 7가지

단기 집중 다이어트

극심한 저칼로리 다이어트는 모의 신진대사 능력을 떨어뜨려 다이어트를 끝낸 후 먹는 대로 다 살이 되는 '요요현상'이 오게 된다.

아침 건너뛰기

아침을 안 먹으면 식욕이 높아지고 과도한 점심과 간식으로 인해 총 섭취 칼로리는 늘어난다.

저지방식품 선호 과잉 섭취

저지방 케이크도 많이 먹으면 일반 케이크를 조금 먹는 것보다 칼로리가 적지 않다.

칼로리 높은 음료수 선호

술, 커피, 과일주스, 탄산음료는 칼로리도 생각보다 높고 배고픔을 달래주지 못하기 때문에 다른 음식을 더 먹게 한다.

물 너무 적게 마시기

물은 신진대사에 필수적이므로 탈수현상이 일어나면 대사도 느려져 살이 잘 안 빠진다.

매일 체중 재기

매일 체중을 재면 좌절감만 가질 수 있으므로 일주일에 한 번 정도 재는 것이 좋다.

운동 안하기

운동을 하며 몸을 움직이면 좋아하는 음식을 더 먹으며 살을 뺄 수 있다. 즐겁게 운동할 수 있으면 좋다.

출처 : 미국 Web MD.

또한, 다이어트 파워블로거 4인의 성공하는 다이어트 노하우를 소개할까 합니다. 다음의 링크를 통해 내용을 확인해 보고 더 궁금한 내용은 해당 블로그로 이동하여 살펴보는 것도 좋겠습니다.

다이어트 파워 블로거 4인의 성공하는 다이어트 노하우

다이어트? 이렇게 재미있는 걸 왜 몰랐을까!

박지은, 제이제이 다이어트 알기(http://blog. naver. com//jjeuneu)

작은 것부터 변화시키는 기쁨을 느껴봐요!

추비추바, 추비추바의 먹으면서 살빼기(http://blog. naver.com/cnqlcnqk)

주부 9단의 긍정 파워가 비법이죠

김단아, 순결한 여우의 처절한 다이어트(http://blog.naver.com/dana628)

다이어트로 제2의 인생을 찾았어요

김미소, 미소의 다이어트(http://blog.naver.com/9767066)

우리가 한 가지만이라도 자신의 체중조절에서 실패의 원인을 찾고 그것만 고치면 정말 간단한 체중조절이 됩니다. 교재에 자신의 문제점을 솔직하게 써 보세요.

그리고 '고쳐야지!'하고 스스로에게 약속하세요. 하늘이 알고 자신이 아는 가장 간단한 체중조절법입니다.

실제 체중조절로 자신이 변한다는 것을 느끼면 더욱 노력하게 되고 예쁜 옷을 사서 자신을 가꾸면서 눈물까지 흘리는 경우도 보았습니다.

이제 간편하고 확실한 비만치료를 위해 각자 체중조절의 문제점을 찾아봅니다. 아무리 생각해도 자신의 문제점이 무엇인지 모르는 사람은 앞으로 맞춤영양상담을 통해 원인을 찾고 그에 따른 맞춤처방을 배우도록 합시다.

체중조절 문제점 돌아보기

체중조절에 실패한 나의 문제점

- ♥
- ♥
- ♥
- ♥

오늘부터 실천할 약속

- ♥
- ♥
- ♥
- ♥

내 식생활 되돌아보기

구 분	내가 좋아하는 식품	내가 싫어하는 식품
주식류(밥, 빵, 면 등)	♥	♥
어육류 등 단백질 식품 (고기, 생선, 콩류 등)	♥	♥
채소류	♥	♥
과일류	♥	♥
음료류	♥	♥

날씬이 식품 고르기

다이어트 시 피해야 할 식품

돼지 삼겹살은 나의 삼겹살이 됩니다

삼겹살을 먹는 것은 돼지 배의 지방이 내 배로 위치이동하는 것입니다. 고지방 식품(삼겹살, 베이컨, 갈비) 등으로 식사 대신 배를 채우는 습관은 피해야 합니다.

닭튀김은 피하고 너무 좋아하여 꼭 먹고 싶은 경우에는 오븐에 기름기를 뺀 구운 통닭을 적당량 먹습니다.

꼭 먹어야 한다면 한두 쪽 맛만 보거나 보이는 기름은 떼고 먹고, 껍질 아래 근육 사이로 보이는 기름은 제거합니다. 닭은 껍질 아래 기름이 많으므로 껍질만 벗겨서 먹어도 많은 기름을 제거할 수 있습니다.

곰국 같은 요리는 차게 식혀서 상층의 굳은 기름을 제거하고 먹습니다.

고당질 · 고지방 식품인 후식이나 간식이 문제입니다

후식이나 간식으로 먹는 고당질 · 고지방 식품인 아이스크림, 생크림 케이크, 피자, 도넛, 과자, 칩, 파이, 사탕, 초콜릿, 콜라, 사이다, 청량음료, 빙과류 등은 피하고, 꼭 먹고 싶다면 저지방, 저설탕, 인공감미료가 든 다이어트 제품을 선택합니다. 가능하다면 달고 기름진 음식을 평소에 안 먹는 식습관이 가장 바람직합니다.

간식별 칼로리

간식의 종류	분 량	밥으로 환산
아이스크림(하드)	1개	1/3공기
콜라	1캔	1/3공기
초코파이	1개	1/2공기
아이스크림(콘)	1개	1공기
생크림케이크	1조각	1공기
새우깡	1봉지	1공기 반

Empty food! Junk food! Alcohol!

술(alcohol)은 에너지 함량이 탄수화물과 단백질보다 높고 다른 영양소는 거의 없는 empty food 또는 junk food에 속하므로 적당히 즐겨야 합니다. 특히, 안주로 기름진 육류나 마요네즈가 많이 든 샐러드, 견과류 등을 많이 먹으면서 과음하는 것은 피해야 합니다. 맥주를 과음하면 위도 상당히 늘어나고 안주로 먹는 닭튀김 등이 비만을 유발할

수 있으며 배가 나오게 되는 원인이 될 수 있습니다.

다이어트에 도움이 되는 식품

기름을 제거한 순살코기, 참치, 생선 등의 해산물, 껍질 외의 닭고기, 두부, 두유, 탈지우유, 탈지분유로 만든 요구르트, 현미, 콩 등의 잡곡, 보리, 통밀빵, 버섯, 해조류, 생채, 나물류, 신선한 과일 등을 적당량 먹을 때 날씬해질 수 있습니다.

주식과 유제품, 견과류는 적당히 먹으면 좋습니다

주식으로 먹는 밥, 식빵, 떡, 감자, 고구마 등의 식품과 유제품인 우유, 요구르트를 적당량 섭취하는 것이 좋습니다.

땅콩, 아몬드, 호두 등의 견과류는 씹는 맛을 즐기는 정도로만 먹습니다.

저지방식품, 고섬유질 식품은 마음 놓고 먹어도 됩니다

저지방 · 고섬유질 식품은 에너지 함량이 낮은 다이어트 식품입니다. 생채소나 나물은 맛을 즐기면서 먹으면 식욕도 가라앉히고 식이섬유소, 비타민, 파이토케미컬 등이 풍부해서 건강에도 좋고 날씬해집니다.

조개나 생선, 새우, 가재 등은 다듬지 않은 형태 그대로 조리하여 먹습니다

조개나 생선, 새우, 가재 등은 다듬지 않은 형태 그대로 조리하여 접시에 풍성하게 담아 껍질이나 가시 등을 제거하면서 천천히 먹습니다.

위의 모든 것을 지킬 수는 없지만 가능하면 자신에게 알맞은 원칙을 정해 놓고 하나씩 실천해 나가는 것이 건강한 체중조절을 위한 올바른 식습관입니다.

만약 살이 찌고 싶다면 비만인 사람이 피해야 할 식품을 가끔씩 먹는 것도 괜찮지만 그보다는 저지방, 고섬유질의 건강균형식을 여러 번에 나누어 섭취량을 늘리는 것이 바람직합니다(3끼 식사 + 2~3회 간식). 아울러 운동을 규칙적으로 하면 근육도 생기고 식욕이 늘어 5 kg 정도는 쉽게 살을 찌울 수 있습니다.

피해야 할 식품

- 튀긴 음식(돈가스, 생선가스, 비프스테이크, 어묵, 새우튀김, 채소튀김 등)
- 동물성 기름, 마가린, 버터, 마요네즈
- 설탕, 잼, 꿀, 청량음료, 빙과류
- 가공식품(햄, 소시지, 라면, 젓갈, 토마토케첩, 통조림)
- 중국음식(짜장면, 볶음밥, 군만두, 탕수육 등)
- 패스트푸드(피자, 도넛, 프라이드치킨, 감자튀김, 햄버거, 맛탕, 아이스크림)
- 단 음식(과자, 케이크, 사탕, 초콜릿, 크래커, 젤리, 파이, 호빵, 호떡 등)
- 커피 프림
- 열량이 높은 과일 통조림

먹으면 좋은 식품

- 요구르트, 현미, 콩, 조, 수수 등 잡곡류
- 해조류, 녹황색 채소 및 열량이 높지 않은 과일(당근, 토마토, 시금치, 풋고추, 호박, 감귤류, 딸기 등), 버섯
- 순살코기, 흰살생선, 조개류, 두부, 저지방 우유, 저지방 치즈, 탈지분유로 만든 무가당 요구르트
- 통째로 껍질이나 가시를 제거하지 않은 조개나 생선, 새우, 가재

똑똑하게 외식하기

현대생활에서 외식은 피할 수 없는 경우가 많습니다. 그러나 외식은 짜고, 달고 양도 늘어나고 있으므로 다이어트를 하는 사람에게 외식은 항상 고민하고 신경 써야 하는 부분입니다. 무조건 외식을 피할 수는 없으므로 칼로리 등을 비교하여 지혜롭게 선택하도록 노력합니다.

서양식이나 중식보다는 한식 선택하기

서양식은 고지방, 고칼로리가 되기 쉬우므로 어쩔 수 없이 서양식을 외식으로 섭취하게 된다면 채소 수프나 샐러드를 먼저 섭취하여 포만감을 주는 것이 좋습니다. 주메뉴 선택도 지방함량이 높은 육류보다는 껍질이 없는 닭이나 생선요리를 주문하는 것이 좋습니다.

중식에는 기름이 많이 들어가 있으므로 외식으로 섭취하게 된다면 기름에 볶지 않은 냉채를 이용하거나 해물을 이용한 메뉴를 선택하는 것이 좋습니다.

일식은 비교적 양식이나 중식에 비해 열량이 적은 편이나 튀김류의 경우는 예외입니다. 메밀국수, 대구탕, 초밥 등을 권합니다.

한식이 서양식을 먹는 것보다 뱃살이 빠지고 당뇨병을 예방할 수 있다

인제대학교 백병원 가정의학과 강재헌 교수팀이 2009년 4월부터 6월까지 호주 시드니 대학병원과 공동으로 '한식 우수성 규명을 위한 임상시험'을 실시한 결과, 한식이 서양식에 비해 복부비만 감소와 당대사 기능개선에 효과적이라는 연구결과를 발표하였습니다.

연구팀은 호주 시드니 거주 비만 성인 70명을 두 그룹으로 나누어 한 그룹은 한식을, 다른 한 그룹은 평소에 먹던 서양식의 양을 줄여서 각각 12주 동안 섭취하게 하였습니다. 12주 후 결과를 보니 한식군의 허리둘레, 인슐린, 혈당치, 인슐린 저항의 지표인 'HOMA-IR'이 서양식군에 비해 더 많이 감소하였고 배고픔도 느끼지 않으면서 다이어트에 효과적이었습니다. 서양식군은 식사량을 과도하게 줄여 식욕자극 호르몬인 그렐린의 농도는 상승하였으나 이런 절식을 장기간 유지하는 것은 어렵다는 것을 알 수 있었습니다.

출처 : 국민일보(2010. 11. 19).

위의 연구결과처럼 서양식보다 한식이 다이어트에 더 효과적이기는 하나 한식에는 자칫 염도조절에 실패할 수 있는 요인이 숨겨져 있습니다(국물, 젓갈, 김치류 등). 짜게 먹는 것은 식욕을 높이는 등 다이어트에 매우 나쁜 영향을 미치므로 한식으로 섭취 시 주의하여야 합니다.

칼로리 확인하는 습관 들이기

내가 좋아하는 외식의 칼로리는 얼마나 될까요? 현명하게 선택을 잘 하고 있었나요? 내가 좋아하고 즐겨 먹는 외식 메뉴 5가지를 적어보고 해당 음식의 칼로리를 찾아 확인해 보도록 합시다.

외식의 칼로리 알아보기

스마트폰 앱 '칼로리 코디' 이용하기

스마트폰에 '칼로리 코디' 앱을 다운로드하여 확인합니다.

스마트폰이 없는 경우 다음의 사이트 이용하기

http://www.foodnara.go.kr/kisna/index.do

외식 칼로리 확인하기

내가 좋아하는 외식	칼로리

날씬이 식품 만들기

저열량으로 조리하는 방법

육류나 생선요리 시

- 튀김, 볶음 → 구이, 찜, 무침
- 기름기 많은 고기나 유부, 라면 등은 한 번 데쳐서 조리
  ↳ 기름 및 식품 첨가물 제거 가능

채소 요리 시

- 물로 볶기
- 열량이 적은 샐러드 드레싱 이용
- 코팅 프라이팬 이용(적은 기름으로 조리가 가능)
- 가능한 재료를 크게 썰기
- 전 부칠 때 밀가루는 가능한 얇게 묻히기

음식별 칼로리 줄이는 다양한 방법

- 잡채 : 재료를 무쳐서 뚜껑을 씌운 후 전자레인지에 넣고 익히기
- 북엇국, 미역국 등 : 기름으로 볶지 않고 끓이기
- 튀김 : 튀김옷을 가능한 얇게 하기
- 떡볶이 : 토마토에 풍부하게 함유된 칼륨 성분은 나트륨 배출을 도와주므로 고추장에 토마토농축액을 사용하기

내가 좋아하는 식품의 조리법

내가 좋아하는 식품	조리법 (튀김, 볶음, 조림, 무침, 찜 등)

건강한 체중조절을 위한 Q & A

Q 전 자취하는 대학생입니다. 아침에 일어나면 입맛도 없고 아침을 준비하는 것도 귀찮아서 거의 식사를 하지 않습니다. 대신 밤늦게 공부가 끝나고 집에 돌아오는 길에 빵이나 과자를 사서 간식으로 먹곤 합니다. 아침도 거의 안 먹고 점심과 저녁만 먹으니까 하루에 섭취하는 양이 많지는 않다고 생각하는데… 왜 살이 찔까요?

A 이 학생의 경우 매일 늦게까지 공부하고 집에 올 때 배가 고파 빵, 과자 등의 간식을 한 보따리 사와서 그것을 매일 밤 먹고 잤습니다. 본인은 그렇게 먹으면 살이 찐다는 사실을 전혀 몰랐다고 합니다. 아침에는 늦잠을 자고 입맛이 없으니까 거의 안 먹고 밤에는 공부하러 가는 생활이 반복되었습니다. 비만치료를 위해 상담을 해본 결과 야식이 비만의 직접적인 원인이라고 생각되어 매일 식사일지를 쓰면서 야식을 하지 않도록 처방하고 낮에는 운동을 하는 습관을 갖게 하였습니다. 그랬더니 식사도 규칙적으로 되고 5주에 7 kg 정도가 줄어들어서 너무 멋있게 변하였고 무엇보다도 행복하고 건강한 모습이 참 보기 좋았습니다.

Q 전 과일을 좋아하는 평범한 여대생입니다. 과일을 먹으면 피부도 좋아지고 건강에도 좋다고 하길래 밥은 거의 안 먹고 과일을 실컷 먹었어요. 그런데 이렇게 배가 나오고 살이 찌네요. 도무지 이해할 수가 없습니다. 선생님, 왜 살이 찌나요?

A 이 여대생은 체지방률이 40%가 넘는 복부비만형태의 중증 비만이었는데, 과일을 먹으면 예뻐진다고 하여 밥 대신 과일만 실컷 먹었습니다. 과일도 너무 많이 먹으면 살찐다는 사실은 모른 채 바나나, 수박, 사과, 배, 귤 등 온갖 종류의 과일을 먹었습니다. 이 여대생의 영양소 섭취량을 계산해 보니 양의 에너지 균형으로 비만으로 판명되었고, 과일만 실컷 먹는 불균형한 식생활을 고치면서 건강하게 비만을 치료하게 되었습니다.

아름다운 마음 만들기

잘못된 다이어트로 인한 마음의 병

거식증(신경성 식욕부진증)

거식증은 극도로 수척해질 때까지 굶는 심리적 장애입니다. 거식증은 anorexia nervosa라고 하며 신경성 식욕부진증이라고도 합니다. 이는 날씬한 몸매를 추구하는 정도가 극에 달해 계속 자신의 '보디 이미지'를 뚱뚱하다고 생각하여 극도로 수척해질 때까지 굶는 심리적 장애를 말합니다. 즉, 자신을 바라볼 때 실제보다 더 뚱뚱하다고 생각하며 먹는 것을 거부하는 것입니다. 그로 인해 영양공급을 제대로 받지 못하다보니 근육 상실, 심장 이상, 면역력 감소, 빈혈, 골절 등 문제가 생기고 극도의 쇠약증세를 나타내면서 암 말기 환자처럼 회복되지 못하고 사망하게 됩니다. 많은 연구 결과들을 살펴보면 사망률이 5~18%에 이를 만큼 무서운 질병으로 정신질환 중 치사율이 가장 높고, 10~20대 거식증 환자는 또래 아이들보다 사망위험이 12배나 높다고 합니다.

점점 가난이나 방임에 의한 저체중보다 심리적 요인에 의한 저체중이 늘어나고 있는데, 이러한 심리적 요인은 왜곡된 신체이미지를 가지고 있기 때문입니다. 그래서 부적절한 방법으로 체중감소를 시도하게 됩니다. 대중매체의 발달로 어린 나이부터 체중에 대한 지나친 관심을 갖게 되고, 여성의 날씬한 것을 성공과 절제심의 상징으로 여기는 인식도 심리적 요인의 하나입니다.

섭식장애연구의 대가 자넷 트레저 교수는 '섭식장애는 단순히 개인의 의지에 의해서만 발생하는 것이 아니라 유전적 요인에 의해 발생하는 경우도 많다'고 하며 유전적인 요인에 의한 것이 50%에 이른다고 하였습니다. 부모 중 한 사람이 섭식장애를 겪었다면 부모의 식습관이나 이상적 신체에 대한 생각이 아이들에게도 영향을 미치기 때문입니다.

거식증 초기증상은 음식을 먹을 때마다 살이 찔까봐 스트레스를 받게 되는 강박관념에서 시작되는데, 음식을 자꾸 안 먹게 되다보니 음식에 대한 집착이 생겨 폭식을 하고 또 살이 찔까봐 토하고, 이런 것들이 반복됩니다. 당연히 영양공급이 제대로 안되므로 무기력하고 힘이 없고, 일부는 자해 또는 자살과 같은 극단적인 선택을 하게 됩니다. 이런 현상은 중산층 이상의 가정환경을 가진 사춘기 소녀에게 많이 보이며, 특히 완벽주의자들에게 많이 발견되므로 몸이 회복되는 대로 정신과적 치료도 병행해야 합니다.

세계적으로 유명한 모델, 연예인 중에는 거식증으로 사망한 경우가 많았는데, TV와 같은 문명의 역기능이기도 합니다. 프랑스와 브라질의 유명 모델이 거식증으로 사망하면서 모델계에서도 너무 마른 모델보다는 건강미 넘치는 모델을 선호하는 분위기입니다. 이스라엘에서는 BMI가 18.5보다 낮은 모델은 건강보호 차원에서 퇴출시키는 법도 제정했다고 합니다.

폭식증

폭식증(bulimia)은 폭식 후 장을 비우는 일을 교대로 반복하는 섭식장애입니다.

폭식 후 인위적으로 토하거나 설사약을 먹어서 장을 비우는 일을 교대로 반복하는 섭식장애의 일종으로, 거식증이 젊은 여성에게서 많이 나타난다면 폭식증은 남자에게 많이 발견됩니다. 절식과 과식을 번갈아 하면서 생리적 · 생화학적 균형이 깨지고 심리적으로도 죄책감으로 자살충동까지 일으키기도 합니다. 폭식증은 아무도 모르게 보이므로 주위에서 알기 힘들고 영양상담과 자신을 그대로 인정할 수 있는 정신과 치료를 받아야 합니다.

마구먹기장애

마구먹기장애(binge-eating disorder)는 거식증이나 폭식증보다 흔하게 볼 수 있는 섭식장애로, 여러 번 체중조절을 시도했으나 실패한 경험이 있는 사람에게서 자주 일어납니다. 우울하고 무력감을 느낄 때, 일시적인 불안과 공허함을 해소하기 위하여 음식을 마구 먹음으로써 기분전환을 하려는 것입니다. 그러나 막상 음식을 마구 먹은 후에

섭식장애의 형태별 정리

형 태	거식증	폭식증	마구먹기장애
취약군	사춘기 소녀	20~30대 남성	체중조절에 실패 경험이 많은 사람
식습관	성공적 다이어트에 자부심을 느껴 극도로 쇠약해집니다.	폭식과 장 비우기를 교대로 반복합니다.	문제발생 때마다 끊임없이 먹습니다.
원인	자신이 비만하다고 왜곡되게 믿고 자신이 비정상임을 인정하지 않습니다.	자신의 행동이 비정상임을 인정하고 비밀리에 폭식과 장비우기를 합니다.	자신은 통제불능이라고 포기합니다.
치료법	식사량 증가로 기초대사량 유지 가능한 체중으로 회복한 후 정신과 치료를 받습니다.	영양상담과 정신과 치료를 받습니다.	생리적으로 배고플 때만 먹도록 학습합니다.

는 심한 포만감으로 위가 거북하고, 지나치게 먹었다는 죄책감에 시달려 우울함도 느낍니다. 주로 통통한 사람들에게 많이 나타나고 자신의 감정을 적당한 방법으로 표현하지 못하는 소심한 사람들에게서 흔합니다. 장시간 계속해서 먹는 형과 단식해서 폭식하는 형이 있습니다.

치료를 하기 위해서는 규칙적인 식사가 가장 중요한데, 장시간 공복이 되면 폭식 가능성도 늘어나기 때문입니다. 또한, 음식으로 문제를 해결하려는 것을 자제하고 배고플 때만 먹는 것이 중요한 치료법입니다.

섭식장애를 예방하기 위해 각자 올바르고 좋은 전략으로 평생 건강을 누릴 수 있도록 이런 잘못된 일들은 빨리 떨쳐버리고 밝고 희망차게 실천하기를 기대합니다.

스트레스 조절하기

스트레스와 비만과의 관계

스트레스는 '인체에 해로운 반응을 유발할 수 있는 자극'으로 신체적 스트레스와 정신적 스트레스 모두 해당됩니다.

스트레스를 받으면 스트레스 호르몬이 분비되어 복부비만을 유발합니다

스트레스를 받는다는 것은 우리 몸이 전투를 하는 것과 같습니다.

인슐린은 식사 후 혈당이 높아지면 혈액 속의 당을 몸 곳곳의 필요한 곳과 저장소로 운반하는 역할을 하는데, 스트레스 호르몬(예 : 코티솔)은 세포의 인슐린 민감도를 저하시켜 혈당을 높게 유지시킵니다. 이를 전문용어로 '인슐린 저항성이라고 부릅니다. 아주 가끔 이런 상황이 발생하는 것은 문제가 되지 않겠지만 지속적이고 장기적인 스트레스는 '인슐린 저항성'을 더욱 크게 만들어 당뇨병, 고혈압, 고지혈증을 동반하는 '대사증후군'이 나타나게 됩니다. 즉, 지속적인 스트레스는 스트레스 호르몬인 코티솔을 분비하고 이는 복부지방과 체중을 늘리며 '대사증후군'이 나타나 예상수명 또한 짧아지게 되는 것입니다. 스트레스를 다스리는 것이 건강의 지름길인 이유가 바로 여기에 있습니다.

스트레스 호르몬은, 배고픈 느낌을 억제시키는 호르몬인 렙틴에 대한 민감성을 약화시켜 식욕을 증가시킵니다

지속적인 스트레스는 그렇지 않은 경우보다 더 많은 열량을 섭취하게 되고 이는 지방 축적을 가져오게 됩니다. 동물실험의 경우에도 스트레스 상황에서는 설탕 소비가 증가되는 결과를 보였습니다. 흔히 스트레스를 받을 때 단 것이 먹고 싶다는 느낌을 받고 실제로 단 것을 먹으면 기분이 좋아지는 것을 경험해 보았을 것입니다.

스트레스를 받으면 뇌 속의 세로토닌이라는 물질이 감소하면서 먹는 것으로 스트레스를 풀려고 합니다.

세로토닌이 분비되어야 마음의 안정을 찾는데, 이를 자극하기 위해서는 단 것을 먹어야 하기 때문입니다.

'대학생의 생활스트레스, 식행동, 식품선택에 관한 상관성 연구' 에 의하면, 취업 걱정 등으로 스트레스를 많이 받는 대학생일수록 술이나 단 것 등의 섭취로 스트레스를 해소하려고 하여 비만이나 특정 영양소 과잉 혹은 결핍 등의 영양 불균형을 보였습니다. 남학생은 스트레스를 받을 때 술을 가장 많이 찾고(55%), 그 다음으로 초콜릿 케이크와 같은 단 음식을 찾았습니다(21%). 여학생의 경우, 초콜릿 등 단 음식(55%)을 가장 많이 찾았고, 떡, 빵 순이었습니다. 특히, 여학생은 스트레스를 받으면 자신이 좋아하는 음식의 섭취량이 늘어나는 패턴을 보였습니다.

또한, 스트레스를 많이 받는다고 답한 학생들은 남녀 모두 고기류를 과다 섭취해 한국인 영양권장량과 비교 시 단백질 섭취 기준치의 117.8%(남학생), 108.4%(여학생)를 섭취하고 있었습니다. 반면 칼슘 섭취량은 남녀 모두 권장량의 70%도 못미쳐 기준치에 크게 미달하였습니다. 여학생은 철분도 기준치 이하로 섭취한 것으로 조사되었습니다.

이렇게 스트레스를 많이 받는 대학생의 경우 비만뿐 아니라 영양 불균형도 초래할 수 있으므로 스트레스 해소의 방안으로 단 음식 섭취를 지양하고, 올바른 방법으로 스트레스를 관리할 수 있도록 노력하여야 할 것입니다.

스트레스 해소하기

스트레스를 푸는 방법

- 주위 사람들과 대화를 나누면서 긴장 풀기
- 취미활동을 갖거나 즐거운 일 계획하기
- 생활에 변화를 시도하기
- 규칙적인 운동하기
- 매사를 긍정적으로 생각하기
- 주어진 것에 감사하는 마음 지니기
- 화나는 마음 다스리기
- 모임에 참여하기
- 부모님과 함께 하는 시간 갖기

시험 스트레스에 대한 효과적인 대처방안

- 시험공부를 할 때에는 무리한 계획보다 가능한 계획 세우기
- 공부가 안 될 때는 산책이나 음악감상, 운동 등으로 기분 바꿔보기
- 이번 시험이 자신의 전 인생을 결정하는 것은 아니란 걸 기억하기
- 자신의 공부방법이나 속도, 공부량을 다른 친구들과 비교하지 않기
- 시험 후에 하게 될 즐거운 일을 상상하면서 몸과 마음의 긴장 풀기
- 시험 보기 전에 심호흡을 몇 번 크게 해보기
- 불안이 너무 심할 때는 전문가에게 상담받기

나의 스트레스 해소 방법

구 분	내 용
방법 1	
방법 2	
방법 3	
방법 4	
방법 5	

명상하기

명상과 체중조절

일상생활을 하면서 스트레스를 받지 않을 수는 없을 것입니다. 그러나 마음을 절제하며 자신의 감정을 조절하면 스트레스를 없애버릴 수는 있습니다. 그 방법 중 하나는 '명상'입니다. 호흡을 통해 심신을 이완시키면서 긍정적으로 생각하게 하여 행복한 마음을 갖게 됩니다.

명상을 하게 되면 부교감신경이 활성화되고 코티솔의 분비가 줄어들어 혈관이 넓어지고 뇌신경도 안정을 찾게 됩니다.

실제로 명상이 비만도, 혈중 지질 및 비만스트레스에 어떠한 영향을 미치는가를 알아본 연구 결과 명상을 한 그룹의 평균 체질량지수(BMI)는 안 한 그룹에 비해 낮아졌고, 혈중 총콜레스테롤과 LDL 콜레스테롤도 낮아졌습니다. 또한 비만으로 인한 신체적인 불편함에서 오는 비만 스트레스와 비만에서 오는 정신적 스트레스도 낮아졌습니다. 그러므로 명상을 꾸준하게 지속하면 비만을 예방하고 비만과 관련된 스트레스도 조절하는 데 도움을 주는 것으로 연구 결과 밝혀졌습니다.

호흡법

명상을 할 때 가장 중요한 것은 호흡입니다. 복식호흡을 하는 것이지요.

편한 옷을 입고 바닥에 앉아서, 두 손은 배꼽 아래에 놓고 눈을 감고 코로 깊은 숨을 들여 마신 후 공기가 폐를 가득 채우고 배가 부풀어 오르게 되면 천천히 코로 숨을 내쉽니다. 공기를 마실 때는 아주 좋은 기운을 몸 속으로 넣는다는 기분으로 천천히 합니다. 5~10초 정도 참았다가 천천히 숨을 내쉽니다. 다 내쉬고 나면 복부의 근육을 수축시켜 모든 공기를 내보내는 느낌을 줍니다.

MEMO 맞춤영양정보

명상하기

참 나를 위한 명상

우리는 누구나
행복해지고 싶어 하는 한마음을 가지고 있습니다.
비록 우리의 모습이 다를 지라도…

우리는 건강한 체중조절을 하고자 하는 한뜻을 가지고
열린 세상에서 함께 만나는 소중한 인연을 가지고 있습니다.

이제 우리 모두 한마음 한뜻임을 느끼면서
"자유롭고 맑고 아름다운 영혼"인
참 나를 찾는 명상을 해봅시다.

실천을 위한 명상

세 살 짜리 어린아이도 할 수 있는 것이 말입니다.
그러나 실천은 80세 노인이 되어도 하기 어렵답니다.

실천이 없는 말은 향기가 없는 조화와 같다고 합니다.
우리 모두 향기로운 삶의 주인공이 되기 위해
매일 매일 올바른 실천을 생활화합시다.

이제 조용히 눈을 감고 명상을 통해
실천준비로서 스스로 아름다운 생명의 꽃잎을 느껴보세요.

마음 비움을 위한 명상

음식을 적게 먹거나 많이 먹으려고 생각하면
그 생각으로부터 자유롭지 못합니다.

안 먹으려고 하면 음식이 더 먹고 싶어질 수 있으므로
마음을 비우는(let it down or put it all down) 명상을 통해
모든 집착으로부터 자유로워집시다.

마음을 비운다는 것은 초월하는 것입니다.
물처럼 바람처럼 걸림이 없는 것입니다.

원래 우리 몸은 집착할 바가 없고
마음조차 머물 것이 없다고 합니다.

명상을 통해 스스로 이를 깨닫고
온 우주와 하나된 마음을 느껴보세요.

성공을 위한 명상

인생에서 성공하기 위해서는
천천히 참고 기다려야 합니다.

공든 탑이 무너지지 않듯이
하루 하루 공을 들여 적어도 5년의 세월을
올바른 식행동과 생활습관을 유지할 수 있을 때
체중조절에 성공했다고 합니다.

우리가 인간으로 태어나서
우선 건강으로 성공할 수 있다면
우리는 많이 배우고 이루고 얻을 수 있습니다.
또한 참된 성공의 맛을 느낀 사람은
자유롭게 모든 것을 버릴 수 있는 용기를 가질 수 있습니다.

우리 모두 자유로운 삶의 주인공이 되기 위해
참된 성공을 위한 공든 탑을 쌓아갑시다.

집중을 위한 명상

마음의 모든 잡념이 가라앉고 고요해지면
맑은 물에 있는 그대로
온 세상이 비추어지는 것처럼
저절로 스트레스는 사라집니다.

그 고요하고 평화로운 마음으로
온 우주의 아름다운 소리와 바람을 느낄 수 있습니다.

이 세상 모든 것은
어느 것 하나 변하지 않는 것이 없습니다.
그러나 집중해서 바라다 보면
아름다운 봄, 여름, 가을, 겨울이 있는 그대로 보입니다.

자 이제 스트레스라는 헛된 망상을
가라앉히고 고요히 집중해서
눈이 부시게 빛나는 삶을
여유롭게 바라다 보세요.

있는 그대로 보기 위한 명상

아무리 아름다운 것도 눈을 감으면 보이지 않습니다.

또한 눈을 떴더라도 색깔 있는 안경을 끼면 다르게 보입니다.

눈은 마음의 창이라고 합니다.
그 창에 욕심, 성냄과 어리석음의 커튼을 치면
햇살이 눈부신 봄날 따스한 바람결에
흩날리는 꽃(잎)비를 볼 수가 없습니다.

의심하고 교만하거나 악한 마음을 지니면
진실이 왜곡되고 전도되는 꿈을 꾸게 됩니다.

눈을 뜨고 밝은 세상을 볼 수 있음에 고마워하며
늘 있는 그대로 올바르게 볼 수 있도록
욕심, 성냄과 어리석음의 커튼을 걷고
의심과 교만과 악견의 꿈에서 깨어납시다.

지혜롭기 위한 명상

세상의 모든 진리는 항상 존재합니다.
그럼에도 불구하고 우리에겐
아는 것만큼 보일 뿐입니다.

우리가 올바른 정보를 배워서
지혜의 눈이 열리면
새로운 세상을 경험하게 됩니다.

착하게 살아가려고 노력하는 것은 물론이고
아울러 지혜롭다면
우리를 속이기 위해 양의 탈을 쓴 늑대조차
꿰뚫어 볼 수 있어서
많은 사람을 구하는 어진 지도자가 될 수 있답니다.

대학생으로서 크게 배우고 지혜를 갖추어서
어진 사람이 되도록 노력합시다.

활기찬 삶을 위한 명상

인간은 움직이는 동물입니다.

갓 태어난 아기는 바깥 세상에서 움직이면서
근육의 발달로 기고 서고 걸을 수 있게 됩니다.
우리 건강에 필수적인 근육은 움직이지 않고
사용하지 않으면 퇴화하게 됩니다.

휴식을 위해 잠을 푹~ 자고 눈을 뜨면 활기차게 움직이기 위해
기지개를 펴고 손을 따뜻하게 비벼서 얼굴을 문지르면서
몸과 마음이 깨어나기 위한 준비를 합시다.

오늘도 건강하고 활기차게 개미처럼 꿀벌처럼
열심히 살아가기 위해 이렇게 눈을 뜨고 움직일 수 있는 삶을
고마워 하며 환하게 웃어봅시다.

용서를 위한 명상

인간은 누구도 완벽하지 않습니다.

실수를 하는 것은 당연한 것입니다.

이러한 이해를 바탕으로 용서를 할 수 있습니다.

내가 나의 실수를 용서하고
내 눈에 비치는 남의 실수를 용서하면
우리는 모두 우리의 마음 속에
사랑의 새싹이 움트는 것을 느낄 수 있습니다.

맞춤식이요법

체중감량 목표 및 구체적인 식사계획

체중감량 목표 세우기

비만 치료의 성공률이 암 치료의 성공률보다 낮다는 것은 기억나지요? 암환자가 살아남는 것보다 힘든 것이 바로 비만 치료입니다. 그러므로 비만인 사람은 욕심을 내어 단기간에 체중감량 목표를 높게 잡으면 건강을 해칠 뿐만 아니라 부작용도 생겨 더 무서운 결과를 초래합니다. 감량 목표를 3~5 kg 정도로 하여 너무 무리하지 않고 1~2달 정도에 걸쳐 감량하는 것이 바람직합니다.

예를 들어, 적당한 체중감소는 식이요법만으로는 한 달에 2 kg, 일주일에 0.5 kg 정도입니다. 0.5 kg의 지방은 원래 4,500 kcal에 해당하지만 체지방조직에 포함된 단백질, 무기질, 수분 등을 감안할 때 약 3,500 kcal에 해당합니다. 그러므로 일주일에 0.5 kg의 체중을 감량하길 원한다면 하루 500 kcal씩 필요열량에서 빼주면 됩니다.

각자 자신의 체중감량 목표 및 여건에 맞추어 하루에 300~500 kcal씩 감량하면 됩니다.

본인의 체중 감량 목표 및 감량 칼로리

체중감량 목표 : ________ kg/한 달

감량 칼로리 목표 : ________ kcal/1일

1일 맞춤 칼로리 섭취량 구하기

표준체중 이용하기

표준체중을 이용하여 1일 필요 칼로리를 구하는 방법은, 엄격한 방법으로 빠른 체중감량을 원할 때 사용됩니다.

- 먼저 브로카 법을 이용하여 표준체중을 구합니다.

  키 160 cm 이상 : [키(cm)−100]×0.9

  키 150~160cm : [키(cm)−150]×0.5 + 50

  키 150 cm 이하 : [키(cm)−100]

- 표준체중에 활동도에 따른 체중당 필요 칼로리를 곱하여 1일 필요 칼로리를 구합니다.

활동도에 따른 체중당 필요 칼로리

활동도	활동 내용의 예	체중당 필요 칼로리(kcal/kg)
가벼운 활동	• 하루에 걷는 시간이 2시간 이하 • 사무직, 관리직, 어린이가 없는 일반 가사 등	25~30
중등도 활동	• 하루에 걷는 시간이 2~4시간 • 제조업, 가공업, 판매업, 교사 등	30~35
강한 활동	• 하루에 걷는 시간 4시간 이상 • 건설업, 농업, 어업 등	35~40
아주 강한 활동	• 거의 앉지 않고 서고, 걷고, 달리고 일을 함 • 농번기의 농업, 직업 운동선수 등	40~

조절 체중 이용하기

비만도가 20~30%인 사람은 표준체중을 이용할 경우 갑자기 섭취량을 감소하게 되어 현실적으로 어려울 수 있습니다. 그래서 현재 체중을 감안하여 표준체중을 보정한 것이 조절체중입니다. 조절체중에 활동도에 따른 체중당 필요 칼로리를 곱하여 1일 필요 칼로리를 구합니다.

$$\text{조절체중} = \text{표준체중} + \frac{\text{현재 체중} - \text{표준체중}}{4}$$

현재 체중 이용하기

현재 식이섭취량이 많은 경우 표준체중이나 조절체중으로 계산된 낮은 칼로리를 섭취하기가 어렵습니다. 그런 경우 현재 체중을 바탕으로 활동도에 따른 필요칼로리만

여대생 A씨의 1일 맞춤 칼로리 섭취량 구하기

- 키 : 163 cm
- 체중 : 72 kg
- 서울에서 인천으로 전철을 이용하여 통학
- 체중감량 목표량 : 2 kg

표준체중 이용 시 1일 필요 칼로리

표준체중 = (163−100)×0.9 = 56.7 kg

중등도 활동을 하는 경우이므로

56.7 × 30 = 1,700 kcal

하루 500 kcal 감량 목표 시

1,700 kcal − 500 kcal = 1,200 kcal

조절체중 이용 시 1일 필요 칼로리

$$\text{조절체중} = 56.7 + \frac{72-56.7}{4} = 60.5\ \text{kg}$$

중등도 활동을 하는 경우이므로

60.5 × 30 = 1,800 kcal

하루 500 kcal 감량 목표 시

1,800 kcal − 500 kcal = 1,300 kcal

현재 체중 이용 시 1일 필요 칼로리

현재 체중 = 72 kg

중등도 활동을 하는 경우이므로

72 kg × 30 ≒ 2,100 kcal

하루 500 kcal 감량 목표 시

2,100 − 500 kcal = 1,600 kcal

곱하여 계산하는 경우도 있습니다. 관대한 방법으로 체중은 약간 더디게 빠지지만 장기간 지속할 수 있고 요요현상도 잘 일어나지 않습니다.

칼로리에 따른 균형식 섭취하기

1일 필요 칼로리를 구한 다음 칼로리에 따른 균형식을 섭취해야 합니다. 예를 들어, 1,600 kcal를 섭취해야 하는 경우 밥 한 공기는 300 kcal이므로 밥만 5공기+1/3공기를 먹어도 되고, 우유 한 팩은 125 kcal이므로 13팩 정도를 먹어도 되지만 이는 균형식이 아닙니다.

건강한 체중조절을 위한 식이요법을 하려면 칼로리 섭취량을 줄이는 것도 중요하지만 탄수화물, 단백질, 지방, 비타민, 무기질을 골고루 섭취해야 하는 것이 필요합니다.

같은 1,600 kcal이더라도 한국인 영양섭취기준을 고려하여 탄수화물, 단백질, 지방, 비타민, 무기질을 골고루 먹을 수 있는 식단을 만드는 법을 알아봅시다.

내가 만드는 식단

식품교환표란

식품교환표는 원래 당뇨병 환자의 식단작성을 위해 만들어진 것으로 일상생활에서 흔히 섭취하고 있는 식품들을 칼로리와 영양소 구성이 비슷한 것끼리 모아 6가지 식품군으로 나누어 묶은 표입니다. 6가지 식품군은 곡류군, 어육류군, 채소군, 지방군, 우유군, 과일군입니다.

같은 식품군 안에서는 영양소의 구성과 칼로리가 비슷하므로 서로 바꾸어 먹을 수 있어서 개인의 취향에 따라 고를 수가 있습니다. 이를 위하여 영양소 함량이 비슷하게 식품의 양을 결정하여 '1교환단위'라고 제정했으며, 같은 식품군 내에서 같은 교환단위끼리는 서로 자유롭게 바꾸어 먹을 수 있습니다. 식품을 교환한다는 의미는 같은 식품군 내에서 같은 교환단위끼리 서로 바꾸어 먹을 수 있다는 것입니다.

이를 이용하면 당뇨병 환자뿐 아니라 체중조절을 원하는 사람들에게도 적용하기가 좋아서 병원에서 환자식을 구성할 때를 비롯하여 일반적으로도 많이 활용되고 있는 표입니다. 식품교환표를 이해하고 이를 이용하여 직접 식단을 만들어 보도록 합시다.

식품교환표의 식품군 알아보기

곡류군

곡류군에 속하는 식품에는 쌀을 비롯하여 잡곡류, 밀가루, 감자류, 밤류 등이 있고, 1단위는 100 kcal입니다. 예를 들어, 밥 1/3공기는 100 kcal이므로 밥 1공기는 3단위이고, 300 kcal인 것입니다.

그런데 오늘 점심에는 밥이 먹기 싫고 빵을 먹고 싶을 경우 식빵 3쪽으로 바꾸어 먹으면 됩니다.

곡류군

식품명		무게(g)	목측량
밥·죽류	쌀밥	70	1/3공기(소)
	쌀죽	140	2/3공기(소)
알곡류 및 가루제품	미숫가루	30	1/4컵(소)
	밀가루	30	5큰술
	백미, 쌀보리, 현미, 찹쌀	30	3큰술
국수류	(건)냉면, (건)당면	30	
	(건)국수, 스파게티, 쌀국수	30	
	(삶은)국수, 스파게티, 쌀국수	90	
감자류	감자	140	중 1개
	고구마	70	중 1/2개
	찰옥수수(생것)	70	1/2개

식품명		무게(g)	목측량
떡류	가래떡	50	썰은 것 11~12개
	인절미	50	
	절편	50	(5.5×5×1.5cm)
빵류	식빵	35	1쪽(11×10×1.5cm)
	모닝빵	35	중 1개
	바게트빵	35	중 2쪽
묵류	도토리묵	200	1/2모(6×7×4.5cm)
기타	강냉이(옥수수)	30	1.5공기(소)
	마	100	
	밤	60	대 3개
	콘플레이크	30	3/4컵(소)
	크래커	20	5개

* 1교환단위당 영양소 함량(열량 100 kcal, 당질 23 g, 단백질 2 g)

어육류군

어육류군은 식품의 특성상 저지방군, 중지방군, 고지방군으로 나누어집니다. 예를 들어, 같은 소고기라도 갈비는 고지방군, 등심은 중지방군, 사태는 저지방군에 속하게 됩니다.

저지방군은 1단위가 50 kcal에 해당되고 식품은 다음과 같습니다.

저지방 어육류군

식품명		무게(g)	목측량
고기류	닭고기(껍질, 기름기 제거한 살코기)	40	소 1토막(탁구공 크기)
	돼지고기(기름기 전혀 없는 살코기)	40	로스용 1장(12×10.3㎝)
	쇠고기(사태, 홍두깨 등)	40	로스용 1장(12×10.3㎝)
	오리고기	40	
생선류	가자미	50	소 1토막
	광어	50	소 1토막
	대구	50	소 1토막
	동태	50	소 1토막
	병어	50	소 1토막
	연어	50	소 1토막
	조기	50	소 1토막
	참치	50	소 1토막
	코다리	50	소 1토막
	한치	50	소 1토막

식품명		무게(g)	목측량
건어물류 및 가공품	건오징어채	15	
	게맛살	50	1 2/3개
	굴비	15	1/2토막
	멸치	15	잔 것 1/4컵(소)
	뱅어포	15	1장
	어묵(찐 것)	50	1/3개(5.5㎝)
젓갈류	명란젓, 어리굴젓, 창란젓	40	
기타 해산물	굴	70	1/3컵(소)
	꽃게	70	소 1마리
	낙지	100	1/2컵(소)
	물오징어	50	몸통 1/3등분
	중하	50	소 2개
	조갯살	70	1/3컵(소)

* 1교환단위당 영양소 함량(열량 50 kcal, 단백질 8 g, 지방 2 g)

중지방군은 1단위가 75 kcal에 해당되고 식품은 다음과 같습니다.

중지방 어육류군

식품명		무게(g)	목측량	식품명		무게(g)	목측량
고기류	돼지고기(안심)	40	로스용 1장(12×10.3㎝)	알류	달걀	55	중 1개
	쇠고기(등심, 안심, 양지)	40	2장(8×6×0.8㎝)		메추리알	40	5개

(계속)

식품명		무게(g)	목측량	식품명		무게(g)	목측량
고기류	햄(로스)	40	로스용 1장 (12×10.3㎝)	콩류 및 가공품	검정콩	20	2큰술
생선류 및 가공품	갈치, 고등어, 꽁치, 삼치	50	소 1토막		낫또	40	작은 포장단위 1개
	임연수어, 청어, 훈제연어	50	소 1토막		두부	80	1/5(420g 포장 두부)
	장어	50	소 1토막		순두부	200	1/2봉 (지름 5×10㎝)
	어묵(튀긴 것)	50	1장(15.5×10㎝)		연두부	150	1/2개
					콩비지	150	1/2봉, 1/3공기(소)

* 1교환단위당 영양소 함량(열량 75 kcal, 단백질 8 g, 지방 5 g)

고지방군은 1단위가 100 kcal에 해당되고 식품은 다음과 같습니다.

고지방군은 가능하면 적게 먹도록 하고, 혹시 먹게 되면 보이는 기름은 떼고 먹도록 합니다. 닭은 껍질을 제거하고 먹고 참치통조림에 있는 기름은 모두 제거하고 먹도록 합시다.

고지방 어육류군

식품명		무게(g)	목측량	식품명		무게(g)	목측량
고기류 및 가공품	개고기	40		생선류 및 가공품	고등어 통조림	50	1/3컵(소)
	닭고기 (껍질 포함)	40	닭다리 1개		꽁치통조림	50	1/3컵(소)
	돼지갈비, 삼겹살, 소갈비	40	소 1토막		뱀장어	50	소 1토막
	런천미트	40	5.5×4×1.8㎝		유부	30	5장(초밥용)
	베이컨	40	1 1/4장		참치통조림	50	1/3컵(소)
	비엔나소시지	40	5개		치즈	30	1.5장
	프랑크소시지	40	1⅓개				

* 1교환단위당 영양소 함량(열량 100 kcal, 단백질 8 g, 지방 8 g)

채소군

채소군은 1단위가 20 kcal로 매우 적습니다. 보통 익혀서 1/3컵에 해당되며 나물이나 김치 1접시에 해당됩니다. 채소군은 칼로리는 낮으면서 식이섬유 및 각종 비타민과 무기질이 풍부하므로 충분히 섭취하여도 좋습니다.

채소군

구분	식품명	무게(g)	목측량
채소류	고구마줄기, 근대, 미나리,	70g	익혀서 1/3컵
채소류	숙주, 시금치, 쑥갓	70g	익혀서 1/3컵
채소류	가지	70	지름 3㎝×길이10㎝
채소류	고춧잎, 곰취, 냉이, 달래, 단무지	70	
채소류	돌나물, 두릅, 돌미나리, 머위	70	
채소류	무청(삶은 것), 브로콜리	70	
채소류	늙은 호박(생것)	70	4×4×6㎝
채소류	단호박	40	1/10개 (지름 10㎝)
채소류	당근	70	4×5㎝ 또는 대1/3개
채소류	마늘종	40	3개(6.5~7㎝)
채소류	무	70	지름 8㎝×길이1.5㎝
채소류	무말랭이	7	불려서 1/3컵
채소류	배추	70	알배기배추 15×6㎝, 중 3잎
채소류	붉은 양배추	70	1/5개 (9×4×6㎝)
채소류	상추	70	소 12장
채소류	양배추, 양상추, 양파	70	
채소류	셀러리	70	길이 6㎝ 6개
채소류	쑥	40	
채소류	애호박	70	지름 6.5㎝×두께 2.5㎝ 중 1/3개
채소류	연근	40	썰은 것 5쪽
채소류	오이	70	중 1/3개
채소류	우엉	40	
채소류	콩나물	70	익혀서 2/5컵
채소류	파프리카(녹색, 적색, 주황색)	70	대 1개
채소류	풋고추	70	중 7~8개
채소류	피망	70	중 2개
채소류	열무, 원추리, 자운영(싹)	70	
채소류	죽순(생것), 죽순(통조림)	70	
채소류	참나물, 청경채, 치커리	70	
채소류	콜리플라워, 꽃양배추	70	
채소류	풋마늘	70	

(계속)

식품명		무게(g)	목측량
해조류	곤약, 미역(생것), 우무, 파래(생것), 톳(생것)	70	
	김	2	1장
버섯류	버섯(생것) : 느타리, 송이, 양송이, 팽이, 표고	50	
	표고버섯(건조)	7	

식품명		무게(g)	목측량
김치류	갓김치	50	
	깍두기	50	사방 1.5cm 크기 10개
	나박김치, 동치미	70	
	배추김치	50	6~7개(4.5cm)
	총각김치	50	2개

* 1교환단위당 영양소 함량(열량 20 kcal, 당질 3 g, 단백질 2 g)

지방군

지방군에 속하는 식품은 식물성 기름, 고체 기름, 견과류, 드레싱 등이고 1교환단위는 5 g에 45 kcal를 가지고 있습니다. 매우 소량으로 고열량을 내는 식품이므로 체중조절을 위해서는 튀김보다는 조림, 볶음, 무침 등의 방법을 이용하는 것을 권합니다.

지방군

식품명		무게(g)	목측량
견과류	참깨(건조)	8	1큰술
	땅콩	8	8개
	아몬드	8	7개
	잣	8	50알(1큰술)
	호두	8	중 1.5개
고체성 기름	땅콩버터	8	
	버터, 쇼트닝, 마가린	5	1작은술

식품명		무게(g)	목측량
드레싱	마요네즈, 라이트마요네즈	5	1작은술
	사우전드, 이탈리안 드레싱	10	2작은술
식물성 기름	들기름, 참기름	5	1작은술
	올리브유	5	
	홍화씨기름	5	1작은술
	카놀라유	5	1작은술
	콩기름	5	1작은술

* 1교환단위당 영양소 함량(열량 45 kcal, 지방 5 g)

우유군

우유군에는 지방 함유량에 따라 일반우유, 저지방우유, 무지방우유 등이 있습니다. 일반 우유는 1컵(200 mL)에 125 kcal, 저지방우유는 80 kcal의 열량을 냅니다.

우유군

식품명	무게 (g)	목측량	식품명	무게(g)	목측량
두유(무가당)	200	1컵(1팩)	전지분유	25	5큰술
일반우유, 락토우유	200	1컵(1팩)	조제분유	25	5큰술

* 1교환단위당 영양소 함량(열량 125 kcal, 당질 10 g, 단백질 6 g, 지방 7 g)

저지방 우유군

식품명	무게 (g)	목측량
저지방우유(2%)	200	1컵(1팩)

* 1교환단위당 영양소 함량(열량 80 kcal, 당질 10 g, 단백질 6 g, 지방 2 g)

과일군

과일군에 속하는 식품에는 주로 당질이 많이 들어 있고, 과일군 1단위는 50 kcal의 열량을 냅니다. 과일군에 들어 있는 당질은 대부분 단순당으로 식후에 혈당을 급격하게 올릴 수 있으므로 한 번에 너무 많은 양을 섭취하는 것은 좋지 않습니다.

과일군

식품명	무게 (g)	목측량	식품명	무게(g)	목측량
단감	50	중 1/3개	사과(후지)	80	중 1/3개
귤	120		살구	150	
오렌지	100	대 1/2개	수박	150	중 1쪽
자몽	150	중 1/2개	앵두	150	
한라봉	100		자두	150	특대 1개
귤(통조림)	70		참외	150	중 1/2개

(계속)

식품명	무게 (g)	목측량	식품명	무게(g)	목측량
대추(건조)	15	5개	체리	80	
딸기	150	중 7개	키위	80	중 1개
리치, 망고	70		방울토마토	300	
멜론(머스크)	120		토마토	350	
바나나(생것)	50	중 1/2개	파인애플	200	소 2개
배	110	대 1/4개	포도(거봉)	80	11개
복숭아(백도)	150	소 1개	포도	80	소 19알
복숭아(천도)	150	중 1개	오렌지주스	100	1/2컵(소)
복숭아(황도)	150	중 1/2개	토마토주스	100	1/2컵(소)
통조림(백도, 황도)	60	반절 1쪽	파인애플주스	100	1/2컵(소)
블루베리	80		포도주스	80	1/2컵(소)

* 1교환단위당 영양소 함량(열량 50 kcal, 당질 12 g)

식품교환표를 이용한 식단 만들기

1일 맞춤 칼로리별 식단 작성을 위한 교환단위

체중감량을 위한 나의 맞춤 칼로리가 결정되었다면 6가지 식품군이 골고루 배분될 수 있도록 식단을 작성하여야 합니다. 표에서 제시하는 식품군별 교환단위수만큼씩 식단을 만들면 1일 필요한 열량을 맞추어 섭취할 수 있을 뿐만 아니라 한국인 영양섭취기준에 적합하게 다양한 영양소를 섭취할 수 있습니다.

열량별 각 식품군 교환단위수의 예

열 량	곡류군	어육류군		채소군	지방군	우유군	과일군
		저지방	중지방				
1,400	7	1	3	7	3	1	1
1,500	7	2	3	7	4	1	1
1,600	8	2	3	7	4	1	1
1,700	8	2	3	7	4	2	1
1,800	8	2	3	7	4	2	2
1,900	9	2	3	7	4	2	2
2,000	10	2	3	7	4	2	2
2,100	10	2	4	7	4	2	2

1,600 kcal 식단작성을 위한 식품군별 교환단위수의 끼니별 배분의 예

1,600 kcal의 교환단위수를 보면, 곡류군은 8단위, 어육류군은 5단위, 채소군은 7단위, 지방군은 4단위, 우유군은 1단위, 과일군은 1단위입니다. 이것을 세 끼와 간식으로 나누면 다음과 같습니다. 이것은 꼭 정해진 것은 아니며 본인의 식사 패턴에 맞추어 조정 가능합니다.

1일 끼니별 교환단위수 배분의 예(1,600kcal)

구 분	곡류군	어육류군	채소군	지방군	우유군	과일군
1일 교환단위 수	8	5(2/3)	7	4	1	1
아침	2	1	2	1		
점심	2	2	3	1		
저녁	3	2	2	2		
간식	1				1	1

식품교환표에 근거한 맞춤식단의 예(1,600kcal)

구 분	곡류군	어육류군	채소군	지방군	우유군	과일군
아침	2	1	2	1		
	현미밥 2/3공기	달걀찜 1개	콩나물국 (0.5) 미역줄기볶음 1접시(1) 배추김치 1접시(0.5)	미역줄기볶음에 참기름(1)		
점심	2	2	2	1		
	잡곡밥 2/3공기	불고기볶음 닭가슴살무침	시금치국(0.5) 쑥갓나물(1) 닭가슴살에 들어간 채소(0.5)	불고기 볶음에 참기름(1)		
저녁	3	2	3	1		
	버섯덮밥(3)	동태전(1) 버섯덮밥의 고기(1)	버섯덮밥의 채소(2) 깍두기(1)	버섯덮밥의 참기름(1)		
간식					1	1
						사과(중) 1/3개(1)

* 닭가슴살무침과 버섯덮밥은 동영상과 연결

나를 위한 맞춤식단 만들어 보기

나의 맞춤 칼로리

__________________ kcal

나의 맞춤 칼로리에 맞는 식품군별 교환단위

구 분	곡류군	어육류군		채소군	지방군	우유군	과일군
1일 교환단위수							

나의 맞춤 칼로리에 맞는 교환단위수 배분

구 분	곡류군	어육류군	채소군	지방군	우유군	과일군
1일 교환단위수						
아침						
점심						
저녁						
간식						

나의 맞춤식단 만들기

구 분	곡류군	어육류군	채소군	지방군	우유군	과일군
아침						

구 분	곡류군	어육류군	채소군	지방군	우유군	과일군
점심						
저녁						
간식						

맞춤 날씬이 전략

시장 볼 때 전략

식후에 시장 보기

배가 고플 때 시장을 보면 내가 필요한 양이나 종류보다 더 많은 양을 사게 되는 것을 한 번쯤 경험해 보았을 것입니다. 또한 시장이나 마트에 가서 쉽게 간식 등을 사 먹게 되므로 시장이나 마트 가기 전에는 반드시 식사를 하고 가는 것이 좋습니다.

토마토, 당근, 시금치 등 녹황색 채소, 해조류, 과일과 친해지기

내가 직접 고른 채소나 과일에는 더 애정이 가게 됩니다. 신선한 채소와 과일을 고르는 과정을 통해 녹황색 채소나 해조류, 과일과도 친해질 수 있는 기회를 만듭시다.

식품 구입 시 전략

가공식품 구입 줄이기

가공식품이란 농산물, 축산물, 수산물 등을 이용하여 맛있고, 간편하게 변형시키고 저장성을 좋게 한 식품입니다. 점점 가공식품의 종류도 많아지고 찾는 사람도 많아지면서 우리의 생활에서 가공식품을 제외하고 살기란 어려운 세상이 되었습니다. 그러나 가공식품의 소비가 늘면서 그 문제점도 점점 부각되고 있습니다.

가공식품은 단순당의 과다 섭취, 트랜스 지방과 같은 나쁜 지방의 섭취 및 지방 변질의 우려, 나트륨과 식품첨가물 과다 섭취 등의 문제로 인해 건강에 나쁜 영향을 주고 있습니다. 또한, 도정이나 정제과정을 통하여 필수적인 영양소는 대부분 손실되고 칼로리만 남아 있는 상태가 많으므로 가능하면 구입을 줄이는 것이 바람직합니다.

패스트푸드 구입 줄이기

고지방, 고열량, 고나트륨, 비타민과 무기질이 부족한 패스트푸드를 영어권에서는 '정크 푸드(Junk food)', 즉 쓰레기 음식이라고 부를 만큼 건강에 나쁘다고 알려져 있습니다. 패스트푸드의 폐해를 줄이려면 안 먹는 것이 가장 좋겠지만, 만약 먹는다면 몇 가지 실천 전략으로 폐해를 줄일 수 있습니다.

- 닭은 껍질 바로 아래에 지방이 가장 많으므로 치킨은 껍질을 벗기고 먹고, 튀긴 닭보다는 구운 닭으로 구입하여 섭취합시다.
- 피자는 토핑으로 베이컨 대신 버섯 등 채소가 풍부한 것으로 고르고 피자 도우도 두께가 얇은 것으로 주문하면 섭취 칼로리를 줄일 수 있습니다.
- 햄버거 주문 시 세트보다는 단품으로 주문하여 감자튀김과 탄산음료의 섭취를 줄입시다.

식품 섭취 시 전략

아침식사 제때에 먹기

아침엔 입맛도 없고 바쁘다보니 식사를 챙겨 먹는 것이 어려운 경우가 많습니다. 그러나 만약 아침식사를 안하게 되면 전날 저녁부터 다음날 점심식사 전까지 15시간 이상 에너지 공급이 중단되는 것이므로 우리 몸에서는 언제 또 들어올지 모르는 에너지를 저장하려고 당이나 지방의 흡수를 늘리게 됩니다. 실제로 하루 한두 끼만 먹는 사람은 복부비만의 위험성이 30% 이상 증가하였고, 어린이들도 아침식사를 안하는 학생들의 과체중과 비만 비율이 높았습니다.

아침식사를 하는 데 걸리는 시간, 10분! 10분의 투자로 건강을 지킵시다.

골고루 먹기

영양소들이 한 가지 음식에 모두 들어 있는 것이 아니라 여러 가지 식품에 다양하게 들어 있으므로 우리에게 필요한 영양소를 균형 있게 섭취하려면 식품교환표의 식품군을 골고루 먹어야 합니다.

알맞게 먹기

나의 신장과 체중, 활동 정도, 비만도, 생활 여건에 따른 맞춤 칼로리를 기억하여 알맞은 양을 먹도록 합시다.

싱겁게 먹기

짠맛을 내는 나트륨이라는 성분은 식욕을 증가시키므로 저염식을 하게 되면 과도한 식욕증가를 막아줍니다. 실제로 국민건강영양조사 자료를 보더라도 짜게 먹을수록 비만에 걸릴 위험이 80% 정도 높았고, 허리둘레도 커진 것으로 보고되었습니다.

즐겁게 먹기

스트레스를 받으면 비만의 위험이 높아집니다. 가능한 즐겁고 감사한 마음으로 음식을 먹다보면 건강으로 보답받을 수 있습니다.

맞춤운동요법

운동의 중요성

체중조절 시 운동의 역할

최근에는 건강증진에 운동이 매우 중요하다는 인식이 확산되어 운동을 생활화하는 추세입니다. 운동은 식이요법 다음으로 체중조절에 필수적인 요소입니다.

골격근 발달

우리가 흔히 말하는 잘 발달했다는 근육은 뼈에 붙어 있는 골격근을 말합니다. 골격근은 움직여 주어야 발달되는 특징이 있습니다. 태아가 엄마 배 속에 있을 때는 골격근의 발달이 없다가 출산 후 움직이면서 골격근이 발달해 뒤집고 기고 붙들고 서고 걷고 뛸 수 있게 됩니다. 우주조종사가 우주탐사를 하고 돌아오면 운동부족으로 골격근이 퇴화하여 걷지도 못하는 경우가 종종 있어 최근에는 우주선 속에서도 운동을 하도록 하고 있습니다.

병원의 입원 환자(hospitalization, hospitalized patients)도 오랫동안 침상에 누워 있으면 퇴원 시 제대로 걷지 못할 정도로 골격근이 퇴화하기도 합니다. 빈둥빈둥 누워서 지내기를 좋아하는 사람은 점점 근육이 퇴화하고 근육이 부족하면 소모하는 에너지가 줄게 되어 체지방이 늘어서 비만이 됩니다. 현재 적당히 보기 좋은 체격(정상 체중)을 가진 사람도 꾸준히 운동하는 생활습관을 가져야 체중조절도 되고 건강도 유지할 수 있습니다.

기초대사량의 감소 방지

비만인 사람이 저열량식으로 체중감소를 하고자 할 때도 운동이 필수적입니다. 우리 몸은 적응능력(adaptation)이 뛰어나서 음식을 조금 먹으면 에너지 소모도 줄게 됩니다. 그러므로 처음에 체중조절을 시작하면 잘 빠지던 체중도 시간이 경과하면 별로 변화가 없게 됩니다. 특히, 처음에는 물을 많이 함유하고 있는 근육이 분해되면서 체중감소도 크지만 나중에는 고열량인 체지방이 연소되어 나오므로 체중변화도 적게 됩니다. 또한 적응현상으로 생명유지에 필요한 기초대사량도 줄어들어 조금 먹어도 에너지 소모가 최소화됩니다. 이때 지속적으로 운동을 해주면 저열량식에 대한 적응으로 나타나는 기초대사량의 감소를 막을 수 있습니다. 운동은 저열량식의 식이요법 시 나타나는 기초대사량의 감소를 막아주고 기초대사량이 그대로 유지되게 해줍니다. 조금 먹어도 에너지 소모량은 그대로 유지해 주어 체중감소가 계속 나타나도록 도와줍니다.

지방 분해

운동은 그 자체로 에너지를 소모해 주는 효과 외에 체지방의 분해를 도와주는 글루카곤이라는 호르몬 분비를 촉진해서 저장된 지방을 연소시켜 줄 수 있습니다. 그러므로 체지방의 분해를 목적으로 운동을 할 경우에는 식사나 간식 전에 운동을 하는 것이 바람직합니다.

근육손실 방지 및 탄력 유지

운동은 저열량식으로 근육이 분해되어 잃어버리게 되는 탄력을 유지해 주고 근육의 손실을 막아줌으로써 체중감소에 따른 건강의 손실을 막아줍니다. 오랜 저열량식의 결과 칼슘 부족으로 인한 골다공증이 중년 이후에 나타날 수 있는데, 운동은 뼈를 튼튼하게 해주는 효과도 있어서 골다공증의 예방에도 효과가 매우 좋습니다.

건강한 체중조절

근육이 잘 발달되어 있으면 체중이 많이 나가도 균형 잡히고 건강해 보입니다. 똑같은 체중이라도 밀도가 낮아서 부피가 큰 지방질이 많은 사람은 포동포동하게 보입니다. 젓가락처럼 말라 체중이 적게 나가고 근육이 없으면 허약하게 보입니다. 특히, 너무 마르거나 비만한 남학생들은 팔 다리의 노출을 걱정스러워 합니다. 이런 사람들이야말로 운동을 통해 건강한 체중조절을 할 수 있다는 사실에 주목해야 합니다.

운동과 질병 예방

운동과 당뇨병

혹시 벌새(humming birds)를 아십니까?

이 새는 세계에서 가장 작은 새로 주식이 꿀이지만 당뇨에 걸리지 않는다고 합니다. 그 이유는 1초에 80번의 날갯짓을 하기 때문입니다. 당뇨병에서 신체활동이 그만큼 중요한 것임을 상징한다고 하여 세계당뇨연맹의 심벌로 사용되고 있습니다.

운동은, 운동에 의해 체중감량이 없어도 제2형 당뇨병의 치료에 꼭 필요하여 당뇨병의 관리를 위한 효과적이고 점진적인 운동 프로토콜들이 발달되었습니다.

International Diabetes Federation

세계 당뇨연맹의 심벌

운동은 인슐린의 작용을 증가시키고, 유산소운동의 빈도, 시간, 강도가 증가함에 따라 혈당이 더 잘 조절된다고 합니다. 근력운동 또한 매우 효과적인데, 매주 2~3회 정도를 권하고 있습니다. 제2형 당뇨병 관리를 위해 필요한 대표적인 운동을 표로 정리해 놓았으니 참고하시기 바랍니다.

운동과 심장병

관상동맥질환의 예방과 재활에 운동이 효과적입니다. 운동은 전체 관상동맥질환 관련 사망률과 심혈관 사망률을 대략 25% 감소시킨다고 합니다.

운동과 관절염

현대사회의 가장 흔한 근골격계 문제 중 하나인 관절염에 있어 일정량의 운동은 질병의 진행을 호전시킬 수 있습니다. 유연성과 관절운동에 중점을 두고 낮은 강도의 운동을 권하는데, 체력, 유연성과 체중조절을 위해 수중에어로빅이나 따뜻한 물속 운동도 가능합니다. 만약 운동 시 통증이나 부종이 발생하면 운동부하를 감소시키도록 합니다.

제2형 당뇨병 관리를 위한 대표적인 운동

운동 유형	예 시	빈 도	강 도	지속시간	주의점
체력	• 걷기 • 자전거 • 수중에어로빅 • 물속 걷기 • 우연적 운동	되도록 매일 연속 이틀간 쉬지 말 것	저 - 중등도 : 최대심박수의 40~54%	누적시간으로 30~60분(오래 할수록 더 좋음)	• 약물 모니터링 • 신경병증이 있으면 사지 확인
근력	• 저항훈련 • 웨이트트레이닝 • 써킷 훈련	2~3일/일주일	1세트, 10~15회 반복	완수할 때까지 8~10회	• 안압 • 점진적 진척
유연성	요가	필요하다면 유산소운동 전과 후에 추가로 시행	통증을 유발하는 정도로 늘리지 말 것	완수할 때까지	과도한 늘림

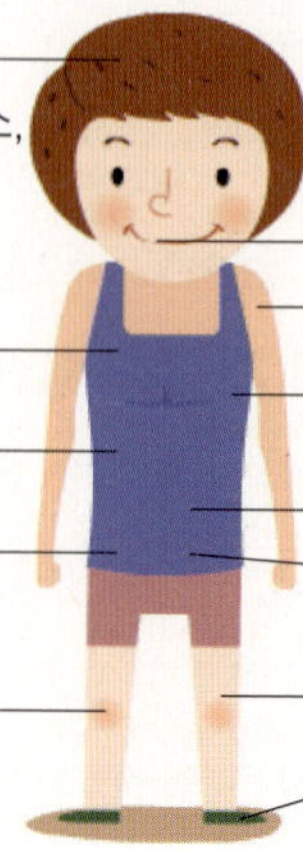

운동과 질병 예방

운동과 고혈압

급성기 고혈압일 경우 운동이 혈압을 올릴 수 있다고 하여 운동 중지를 권유받기도 하지만 일반적인 고혈압일 경우 지속적인 운동은 수축기와 이완기 혈압을 각각 10 mmHg까지 낮출 수 있다고 합니다. 그러나 고강도 운동은 피하는 것이 좋습니다.

운동과 이상지질혈증

운동은 고중성지방혈증, 고콜레스테롤 증가 등 이상지질혈증을 교정하는 데 우선 권장합니다. 유산소운동을 일차적으로 권하지만 근력운동을 함께 하는 것도 좋습니다. 저지방 식사와 체중조절을 함께 함으로써 효과를 증진시키고 활동량을 늘리면 더욱 좋습니다.

기 타

운동은 우울증을 줄이는 결과를 보였고 노인의 경우 노화에 의해 발생하는 근감소증(근육손실)을 줄이는 데 근력강화가 중요하다고 강조되고 있습니다. 또한 운동은 골다공증을 예방할 뿐만 아니라 갱년기 증상들을 감소시키는 데도 도움을 준다고 합니다.

맞춤운동 계획

구 분	내 용
운동 종류	
시간	
횟수	
방법	

언제, 어떻게 운동할까

언제 운동할까

체지방 분해를 목적으로 운동할 경우에는 식사나 간식 전에 하는 것이 바람직

운동의 역할에서도 언급했듯이 운동은 그 자체로 에너지를 소모해 주는 효과 외에 체지방 분해를 촉진하는 글루카곤이라는 호르몬 분비를 증가시켜서 저장된 지방을 연소시켜 줍니다. 하지만 운동 전에 단 음료나 군것질 등으로 혈당이 올라가서 인슐린이라는 호르몬의 혈중 농도가 올라가 있으면 글루카곤은 지방분해를 촉진하는 효과를 낼 수 없습니다. 그러므로 체지방 분해를 목적으로 운동할 경우에는 꼭 식사나 간식 전에 하는 것이 바람직합니다.

한 번에 20분 이상 하면 나타나는 운동훈련효과

하루에 많은 양의 운동을 한꺼번에 하는 것보다 일주일에 3~5회 정도로 나누어서 한 번에 20분 이상 30~40분 정도 해주면 운동훈련효과(training effect)가 나타납니다. 운동을 하지 않을 때도 체지방을 연소하는 능력이 증대되어 체중조절이 자연스럽게 이루어질 수 있습니다. 운동선수들이 아무리 많이 먹어도 체지방이 적게 축적되는 이유는 바로 운동훈련효과 때문입니다. 서양에서는 청소년들이 운동을 생활화하도록 교육하는 반면 우리나라는 입시교육 위주로 운동을 제대로 못하고 있는 실정입니다.

1시간 연속운동 vs 10분씩 6번 운동

1시간 연속운동을 하는 군과 10분씩 6번을 나눠서 운동을 하는 군을 나누어 운동의

건강한 체중조절을 위한 Q & A

Q 부분 비만에 효과적인 운동은?

A 운동을 열심히 하는 데도 체중은 별로 줄지 않고, 부분적으로 하체비만인 사람들은 운동으로 다리가 더 굵어질까봐 걱정을 많이 합니다. 보통 운동을 해서 에너지 소모량을 늘리면 에너지 섭취량(식욕)도 늘어날 수 있으므로 운동 직후에 허겁지겁 음식을 먹게 되면 그다지 살이 많이 빠지지 않을 수 있습니다. 운동을 하면 근육이 생성되어 몸은 단단하고 탄력 있는 체형으로 바뀌어 날씬해 보이고, 체중은 운동만으로 최대한 3~5kg 감량됩니다. 이제 비만은 체지방이 문제이지 체중의 문제가 아닙니다. 꾸준히 운동을 생활화하면서 운동 직후에 과식하는 습관을 조심하고 달고 기름진 음식을 피할 수만 있으면 비만 걱정을 안 하고 살 수 있습니다. 유산소운동을 꾸준히 하여 체지방이 줄어들면 하체비만의 걱정인 엉덩이와 허벅지의 살도 함께 줄어들게 됩니다. 등산과 같이 경사진 사면을 걷는 것도 허벅지에 탄력을 줍니다. 운동으로 인해 생긴 다리 근육의 뭉침을 방지하려면 준비운동과 근육 풀어주기, 마무리 운동을 충실히 하고 한 번에 욕심내어 무리하게 운동하지 않고 규칙적으로 서서히 운동시간을 늘려 가는 것이 바람직합니다.

효과를 비교한 결과 10분씩 6번 나누어 운동을 해도 1시간 연속운동을 하는 것만큼 효과가 좋다는 연구결과가 있습니다. 하루에 10분 정도라도 스트레칭이나 집안일 등 시간을 투자한다면 분명 몸매가 달라질 것입니다. 일부러 시간을 내어 운동을 해야 한다는 강박관념을 버리고 편안한 마음으로 틈틈이 몸을 움직여 봅시다.

어떻게 운동할까

주당 운동 횟수

일반인들이 체력증진을 위해서는 주 3일 정도가 가장 적합하며 몇 주에서 몇 달 동안 운동을 계속 실시하여야 합니다. 비만인의 경우는 칼로리 소비를 늘리고 체력증진을 위해서는 주 5일 이상 운동을 실시해야 하며, 규칙적이고 지속적으로 매일 실시하는 것이 가장 이상적입니다.

운동강도

심폐기능을 증가시키고 지방을 효과적으로 감소시키려면 일정한 운동 부하(심근경색, 협심증, 부정맥, 관상동맥질환 등의 진단에 유용)가 필요합니다. 부하를 줌으로써 심장, 폐, 혈관, 근육에 자극을 줄 수 있으며, 지방 연소를 돕는 원료가 됩니다. 운동 시에는 에너지 필요량이 증가함에 따라 심박수가 증가하는데, 심박수는 인체의 생리적 자극을 측정하기 위한 척도로 운동 부하를 결정하는 표준이 됩니다. 운동 부하를 기준으로 운동 강도를 조절하는 방법은 다음과 같습니다.

운동 강도 조절하는 방법

최대 심박수를 이용하는 방법

- 남성 : 205 − (자신의 나이 $\times \frac{1}{2}$) = 예측 최대 심박수
  최대 심박수 × 0.75(75% 수준) = 목표 심박수
- 여성 : 220 − (자신의 나이) = 예측 최대 심박수
  최대 심박수 × 0.75(75% 수준) = 목표 심박수

여유 심박수를 이용하는 방법

- 목표 심박수 = 운동 강도(%) × (최대 심박수 − 안정 시 심박수) + 안정 시 심박수
  최대 심박수 = 178회/분
  안정 시 심박수 = 68회/분
  운동 강도 = 60% 여유심박수일 경우
  목표 심박수 = 0.6 × (178 − 68) + 68 = 134회/분

운동 순서 : 준비운동, 주 운동, 정리운동

- 준비운동 : 어떤 종류의 운동을 시작하기 전에 항상 준비운동을 해야 합니다. 준비운동은 몸의 부상이나 근육통증을 방지하고, 근육을 이완시켜 관절의 범위를 넓히고, 더 강력한 근수축을 일으키게 하며 정신적이고 육체적인 준비상태를 만들어 줍니다. 가볍게 체조를 하거나 전신 스트레칭, 주 운동에 필요한 체조로 구

성되어야 합니다.

- 주 운동 : 주 운동 기간에는 유산소운동(걷기, 조깅, 등산, 자전거 타기, 수영, 줄넘기, 에어로빅댄스 같은 운동)이나 웨이트 트레이닝을 합니다. 유산소운동 시 목표 심박수에서 운동이 될 수 있도록 심박수를 이용하여 강도를 조정해야 합니다.
- 정리운동 : 정리운동 기간 동안에는 느린 속도로 걷기, 달리기를 하고 체조와 가벼운 스트레칭을 해야 합니다. 정리운동을 하면 운동 중 생성된 젖산이 빠르게 제거되기 때문에 피로를 회복하는 데도 도움이 됩니다. 정리운동이 끝난 후 심박수가 분당 100 이하로 낮아지는 것이 바람직한 것으로 알려져 있습니다.

운동할 때 주의점

의외로 많은 사람들이 운동 시 주의할 점을 모릅니다. 현재의 체력 수준을 파악하여 무리하지 않은 범위 내에서 운동을 시작하고, 적응이 되면 점진적으로 늘려 나가는 것이 어렵지 않을 것입니다.

운동 중 너무 무리하게 하다가 가슴 부위 통증 또는 불쾌감, 현기증 등의 증세가 느껴질 수도 있고, 근육 통증을 경험하거나 부상을 당하여 운동을 포기하는 사람을 많이 보았습니다. 절대 무리하게 운동을 해서는 안 됩니다. 예전에 외국 에어로빅 강사들 얼굴을 보면 몸매는 지방 하나 없이 다듬어졌는데, 얼굴은 조글조글 늙어 보이는 경우가 많았습니다. 미국 명문대학 동창생을 대상으로 운동을 광적으로 한 사람이 얼마나 오래 살았나 살펴보니 별로 오래 산 사람이 없었고 오히려 운동을 즐기는 정도로 생활화한 사람들이 더 오래 장수하였다는 보고가 있습니다. 운동을 지나치게 하면 산소를 과도하게 사용해서 과산화라디칼이라는 노화나 암 등을 촉진할 수 있는 불안정한 상태의 공격성 물질이 생겨 쉽게 늙을 수 있습니다. 운동을 많이 하는 운동선수들은 이런 과산화 물질의 생성이나 작용을 억제하는 항산화 비타민(비타민 A, C, E)이 충분한 녹황색

최대 심박수를 이용한 나의 목표 심박수

예측 최대 심박수	
목표 심박수	

채소, 과일 등을 섭취하고 식사로 부족한 것은 비타민 보충제로 섭취해 주어야 합니다.

남의 눈을 의식하여 경쟁적으로 운동하는 것도 금물입니다.

과다한 음식을 섭취한 후 바로 운동을 시작하는 것을 피하고, 심한 운동인 경우 식후 약 2시간이 지난 후, 중등도의 운동은 1시간, 가벼운 운동은 30분 후에 실시해야 합니다.

내 몸에 맞는 운동

운동 종류

유산소운동과 무산소운동

운동은 산소를 이용하는 유산소운동[몸속의 지방을 산화시켜 체중조절에 효과가 있는 운동(예 : 걷기, 조깅, 등산, 자전거 타기, 수영, 에어로빅댄스, 등산)]과 무산소운동[순간적으로 힘을 사용하는 운동(예 : 단거리 달리기, 단거리 자전거 타기, 단거리 수영)]이 있습니다. 유산소운동은 기진맥진 상태에 빠질 정도의 운동이 아니라 전신의 대관절을 활발하게 움직이고 오랫동안 할 수 있는 운동이라 심장, 혈관에 무리한 자극이 주어지지 않으며 장시간 지속할 수 있는 운동형태입니다. 이상적인 운동은 조깅이나 등산(하체운동)과 수영(상체운동)을 결합시키고 근력과 근지구력을 향상시키기 위한 웨이트 트레이닝과 유연성 향상을 위해 스트레칭과 같은 운동을 꾸준하게 해나가는 것이 중요합니다.

맞춤운동요법

운동은 개인의 신체 여건에 맞게 해야 하고 즐겁고 편한 가운데 행해져야 합니다. 특히, 무리해서 관절이나 골절, 심장박동에 이상이 오면 안 되므로 조심해야 합니다.

나는 현재 비만이 심하지 않고 3~5kg 정도만 빼면 좋겠어요

운동요법만으로 체중조절이 가능합니다. 산소가 충분히 공급되어 체지방을 연료로 사용하는 유산소운동이 효과적입니다.

유산소운동(aerobic)은 20분 이상을 지속적으로 할 수 있는 힘들지 않은 운동

(moderate exercise)인 걷기, 수영, 자전거, 조깅, 에어로빅 체조 등이 여기에 속합니다. 걸을 때에 그냥 어슬렁어슬렁 걷기보다는 자세를 바르게 하고 다소 빠르게 걷는 경보가 효과적이며, 시간은 45분 정도가 적당합니다. 걷기는 전천후 운동으로 돈이 없어도 가능합니다. 비가 오면 우산을 쓰고 눈이 오면 낭만적으로 눈을 맞으며 걷고, 실내에서 윈도쇼핑을 하면서도 걸을 수 있는 참으로 실천하기 좋은 운동입니다. 주말에 가까운 곳으로 등산(트레킹)을 하는 생활을 하면 체중조절도 되고 자연의 맑은 기운을 받아 행복하고 건강하게 살 수 있습니다.

유산소운동 요령

운동을 할 때에는 숨이 가쁘지 않고 약간 땀이 나는 정도로 최대 심박수의 70%(60~90%) 수준을 유지하는 것이 좋습니다.
일주일에 적어도 3번(3~5번), 1번에 20~30분 이상(20~60분 이내) 합니다.

약 200~300 kcal 정도를 소모하는 맞춤운동(걷기, 등산, 달리기, 조깅, 자전거 타기, 크로스컨트리 스키, 춤추기, 줄넘기, 조정, 수영, 스케이팅, 계단 오르기 등)으로 각자에게 맞는 운동을 찾아봅시다.

야구, 농구, 테니스, 골프, 볼링, 배드민턴, 라켓볼, 스쿼시, 아령 들기, 트레드밀, 에어로빅 체조 등 무엇이든 자신이 가장 편안하고 즐겁게 할 수 있는 운동으로 친구, 연인, 가족과 함께 할 수 있는 이벤트 전략을 세워 봅시다. 예를 들어, 주말에 등산을 가는 모임 또는 건강식으로 저지방 균형식을 먹는 건강모임을 만들어 봅시다.

나는 비만이 너무 심해요

너무 힘든 운동은 오래 지속할 수 없으므로 20분 이상 지속적으로 할 수 있는 중간 강도의 운동이 적절합니다. 특히, 체지방이 연소되려면 산소가 꼭 필요한데, 호흡운동 후 우리 몸 구석구석으로 산소가 운반되려면 적어도 운동을 시작하고 10~15분 이상 지속되어야 합니다.

비만자들에게는 운동 선택 시 자신의 현 건강상태와 비만의 정도 그리고 합병증의 여부 등에 따라 선택이 더욱 신중하게 이루어져야 합니다. 체지방 감소를 운동의 목적으로 설정해야 하며, 약한 강도에서 지속적인 운동을 실행하는 것이 중요합니다. 비만에 따른 상해를 유발할 가능성이 내포되어 있으므로 걷기 운동부터 실시하는 것이 좋습니다. 비만인 경우 그 필요성이 절실하므로 시간적으로 여유가 있을 때에만 운동에 참여한다는 생각보다는 운동을 우선적으로 자신의 일과로 여겨야 합니다. 체중 때문에 거동이 불편할 정도이거나 장시간 걷는 데 무리가 따른다면 수영, 물속에서 걷기, 물속에서 달리기 등과 같은 체중 부하가 적은 운동을 선택하는 것이 현명합니다.

나는 내장에 과도하게 지방이 축적된 복부비만이에요

지방을 연소하는 데 필요한 산소를 충분히 공급할 수 있는 걷기와 같은 유산소운동이 관절 등에 무리도 안 생기고 좋습니다. 걷기의 중요성에 대해 많이 알려져서 동네 주변이나 공원에서 걷는 사람이 무척 늘었습니다. 허리를 반듯하게 펴고 배를 약간 안으로 당겨준 상태로 팔과 다리를 자연스럽게 펴고 약간 빠르게 걸어주세요. 친구나 가족과 함께 적어도 20~40분 정도 등에 땀이 약간 느껴질 정도록 빨리 걷는 산책을 3일 정도 하면 몸이 가볍고 체지방이 줄어든 느낌이 들 것입니다. 그러면 더 꾸준히 운동도 하고 음식도 조절하고 싶어질 것입니다. 시작이 반입니다. 시작한 후에는 적어도 3일 이상 실천해 보면 몸도 마음도 달라집니다. 행복을 느낄 것입니다.

나는 몸이 허약하다고 할 정도로 체중부족입니다

매 끼니를 자주 챙겨 먹으면서 적당히 운동을 해주면 밥맛도 생기고 근육이 생겨 체중도 늘고 건강해 보이게 됩니다. 운동만으로는 근육 무게가 늘어나게 되므로 체중변화는 많이 나타나지 않지만, 건강증진에 필수적인 근육 비율을 높이고 건강에 위험요인이 될 수 있는 높은 체지방 비율을 줄여 줍니다.

나는 운동하기가 정말 싫어요

친구와 걷기, 지하철 타기도 괜찮습니다. 운동을 좋아하는 사람은 그대로 유지하면 되고 운동이 죽어도 하기 싫은 사람은 윈도쇼핑을 위해 걸어 다닌다든가 친구나 애인

하고 편안한 차림으로 걸을 수 있는 곳에서 만나 함께 걸어 봅니다. 식사 장소도 30분 정도 소요되는 곳을 골라 걷는 시간을 늘려 봅니다. 대중교통, 특히 지하철은 계단을 오르락 내리락하기 때문에 자연스러운 운동효과를 가져옵니다. 줄넘기, 테크노 댄스, 재즈 댄스, 모던 스포츠 댄스, 요가, 태극권 등은 운동을 생활화할 수 있는 좋은 스포츠입니다.

행복하고 현명하게 운동하기

21세기 건강의 화두는 '행복'입니다(Be happy!). 행복한 삶(happy lifestyle)을 위해 체중조절도 즐겁게 합시다. 운동도 낙관적으로 지혜롭게 몸의 해로운 지방을 적당히 털어낸다는 마음으로 여유 있게 하는 것이 좋습니다.

야외운동 시 선블럭크림은 필수

운동을 할 때에는 운동에 적합한 운동복과 신발 등을 착용하며, 더운 날씨에는 야외에서 과격하거나 지속적인 운동을 되도록 피해야 합니다. 야외에서 운동할 때는 햇빛이 강하므로 반드시 모자를 착용하고, 선블럭 크림(자외선 차단지수(Sun Protection Factor : SPF 15~20 이상)을 발라서 피부를 자외선으로부터 보호해야 합니다.

나에게 맞는 운동시간 찾기

혈중 인슐린 농도가 가장 낮은 시간이 가장 체지방 분해에 효율적인 시간이 될 수 있습니다. 이론적으로는 새벽시간이 효율적일 수도 있지만, 현실적으로 학교나 직장에 출근해야 하므로 새벽부터 운동하는 것은 어려울 수 있습니다. 또한 안개가 짙은 새벽이나 미세먼지 농도가 나쁜 날에는 야외운동을 피하는 것이 좋습니다.

대학생들이 가장 운동하기 좋은 시간대는 수업이 어느 정도 끝난 졸리고 나른한 오후입니다. 예를 들면, 오후 4시경에 운동을 시작하여 5시경에 끝났다고 하면 바로 식사하지 말고 수분이 많은 채소를 씹어 식욕을 가라앉히거나 물만 마시고 6시 이후에 식사하는 것이 좋습니다.

에너지를 소모하는 운동은 식욕을 항진시켜 운동 직후에는 밥맛이 좋게 되므로 과식하기 쉽습니다. 운동 직후에 단 음식이나 음료 등을 먹게 되면 운동으로 소모한 에너지(200~300 kcal)를 바로 보충해 줄 수 있으므로 조심합시다.

저열량 균형식 실천하기

운동의 효과를 최대한으로 끌어올리려면 순살코기, 생선, 달걀, 우유, 요구르트, 치즈, 콩, 두부, 된장 등 양질의 단백질을 매끼 한 가지씩 챙겨 먹고, 항산화 비타민이 들어 있는 당근, 늙은 호박 등의 채소와 과일을 잘 챙겨 먹는 식생활 습관이 필수적입니다.

양질의 단백질은 체내에서 근육 합성에 필수적인 아미노산을 골고루 공급해 주고, 항산화 비타민은 유산소운동으로 산소의 과도한 이용의 부작용인 과산화를 방지하여 노화와 암 등을 예방해 줍니다.

굶으면서 운동을 하면 근육 생성도 힘들고 피부노화가 촉진되어 멋진 모습은커녕 건강까지 해칠 수 있습니다. 건강에 필수적인 저열량 균형식과 운동의 상승효과를 추구하는 전략 및 실천으로 보다 적극적인 체중조절을 해나가길 바랍니다.

운동을 적당히 즐기면 스트레스가 해소되고 심혈관과 호흡기도 건강해지며, 튼튼한 뼈와 근육질의 멋진 몸매가 됩니다. 운동을 여가로 즐기고 생활화하여 젊고 건강한 인생을 만들어 갑시다.

MEMO 맞춤영양정보

실천하기 쉬운 맞춤행동수정 따라하기

자기감시

행동수정의 개념 및 효과

행동수정(behavior modification)은 체중조절을 위해 잘못된 생활습관이나 식습관의 수정을 뜻하며, 자기감시, 자극조절 및 보상의 3단계로 이루어집니다. 행동수정만으로는 체중조절효과가 높지는 않지만 운동이나 식이요법에 비해 중도 포기율이 낮아(20% 미만) 요요현상이 나타나지 않는 장기간의 체중조절을 위해 꼭 필요한 체중조절 프로그램의 구성요소입니다. 행동수정은 사회심리적인 측면에서도 개선효과가 나타나 자기통제기능을 향상시킬 수 있다는 면에서도 바람직한 체중조절에 도움을 줍니다.

연결행동을 끊기 위한 행동수정의 예

연결행동	행동수정
과자를 사온다	목록에 따른 계획구매, 배가 부를 때 장보기, 친구와 장보기, 친구가 대신 장보기, 과자재료로 구매하기
식탁에 과자를 놓는다	안 보이는 곳, 접근하기 어려운 곳 또는 냉동고에 과자 보관하기
주말에 집에서 논다	쇼핑, 활동 프로그램 참여, 즐거운 이벤트 미리 계획
피곤하고 심심하다	운동, 낮잠 자기
먹고 싶은 충동이 생긴다	먹는 것을 대체할 목록 준비, 5분간 참기, 실제 배고픈 것인지를 확인하기
부엌에 간다	다른 행동으로 대체하기, 운동하기, 집을 나가기, 저열량 식품 찾기
과자를 들고 나온다	한 장소에서만 먹기
TV 시청하면서 과자를 먹는다	먹는 동안에 다른 일 하지 않기
배부를 때까지 급히 먹는다	씹는 사이에 음식 내려놓기, 먹는 중에 멈추기, 과자 1개씩만 먹기, 자동적으로 먹는 것 멈추기
실패감/죄의식을 느낀다	이분법적인 사고를 감시하기, 현실적인 목표를 세우고 알맞은 반응 계획하기
절제심이 더욱 약해진다	자기통제를 증대시키는 결심하기
더욱 많이 먹게 된다	위의 연결행동을 검토하고 태도 감시하기

행동수정을 위해서는 연결행동에 대한 이해와 이를 끊기 위한 행동수정에 대해 지혜롭게 전략을 세워야 합니다.

자기감시

자기감시(self monitering)는 먹는 음식과 먹는 행동에 영향을 주는 요인들을 추적하는 과정으로 먹는 장소, 시기, 마음상태 등을 일기형식으로 기록함으로써 자신의 식행동을 상세히 이해하고 분석해서 문제점을 찾고 행동수정을 하는 데 도움을 줍니다.

실천일기 쓰기

특히, 먹는 것과 운동하는 것 등에 관해 즉각적으로 기록하고 항상 곁에 가지고 다니면서 자신의 행동을 철저히 감시하는 것이 매우 중요하므로 실천일기에 기록하는 것을 생활화합시다.

지금까지 잘 써왔겠지만 이번 시간에는 좀 더 구체적으로 자세하게 쓰면서 먹는 행위에 관련하여 잘못된 점을 깨달아 보도록 합시다.

- 날짜
- 식사의 종류 : 아침, 점심, 저녁, 간식, 야식 등
- 식사시간 : 식사 시 시작시간부터 종료시간
- 섭취 장소 : 구체적으로 표시(예 : 싱크대 앞, 식탁, 식당 등)
- 먹은 음식의 종류와 양
- 섭취 상황 : 예) 배가 고프지 않았지만 친구가 권해서, 지나가는데 빵냄새가 좋아서 등
- 섭취 목적 : 예) 배가 고파서, 스트레스 해소를 위해, 음식이 있으니까 등
- 누구와 함께 섭취하였는가 ?
- 동반행동 : 식사하면서 무엇을 하였는가?
  예) 식사만 했다, 가족과 대화를 했다, TV를 보았다 등
- 먹기 시작할 때 배고픈 정도 : 예) 너무 배가 고팠다, 별로 배고프지 않았다, 배가 너무 불렀다 등

- 식후 기분 : 예) 우울했다, 매우 즐거웠다, 그저 그랬다 등
- 평가하기

실천일기 쓰기의 예

식사 종류	식사 시간	섭취 장소	음식의 종류와 양	섭취 상황	섭취 목적	누구와 함께 식사	동반 행동	배고픈 정도	식후 기분	평가
아침	7시 20분 ~30분	집의 식탁	식빵 1쪽 딸기잼 1 스푼 우유 1잔	엄마의 권유로	오전에 배고플 까봐	혼자	신문 보기	별로	좋음	과일을 추가하기

체중변화 기록하기

아울러 일주일에 한 번씩 체중을 측정하여 기록하는 것도 행동수정에 필수적입니다. 체중변화기록표에 매주 체중을 측정하여 기록하고 체중변화에 영향을 준 원인이나 이벤트 등을 상세히 기록하도록 합시다.

문제점 정리하기

건강한 체중조절을 방해하는 나의 나쁜 식습관이나 행동

♥

♥

♥

♥

♥

♥

나쁜 식습관을 고치기 위한 방법

♥

♥

♥

♥

♥

♥

자극조절

자극조절(stimulus control)은 체중조절을 방해하는 충동적 요인을 최소화하기 위해 환경을 변화시키는 것을 말하며, 식품의 구매부터 식행동의 계획, 실행, 특별한 상황, 먹는 방법 등을 철저히 하여 의식적으로 먹는 행위 전반을 통제하는 것을 말합니다.

먹는 행동에 공을 들이면 음식은 체중조절과 건강으로 보답합니다. 음식을 함부로 하여 굶고, 마구 먹고, 잘 씹지도 않고 삼키고, 냄비째 놓고 먹으면서 체중조절을 기대한다면 노력 없이 대가를 바라는 것입니다. 전략적으로 공을 들여서 평생 체중조절을 하는 것이 행동수정입니다.

식품 구매 시 자극조절

- 배부른 상태에서 구매하기
- 구매목록 작성 : 충동구매 억제하기
- 냉동식품 및 인스턴트식품 안 사기
- 꼭 필요할 때까지 장보기를 연기하기
- 시식코너 주변에는 가지 않기

계획단계 시 자극조절

- 필요한 만큼만 먹도록 계획하기
- 간식 먹는 시간에 운동하기
- 세 끼 식사와 간식을 정해진 시간에만 먹기 : 끼니 거르지 않기

식품 섭취 시 자극조절

- 충동적으로 먹지 않도록 음식을 안 보이는 곳으로 치우기
- 모든 먹는 것을 한 장소에서만 하기
- 냄비째로 식탁에 놓지 않기
- 식탁에 간장, 소스 치우기
- 작은 크기의 그릇과 수저 사용하기

명절이나 파티 시 자극조절

- 과식을 유발할 행사에는 가능한 참여하지 않기
- 술 덜 마시기
- 파티 시작 전에 열량이 낮은 간식 먹기
- 음식을 사양하는 공손한 태도 익히기
- 조금 일찍 모임이나 파티에서 나오기
- 간혹 실수해도 포기하지 않기

섭취방법 중 자극조절

- 음식을 떠 넣는 사이사이 수저를 상에 내려놓기
- 다음 음식을 더 넣기 전에 음식을 완전히 씹기
- 음식 약간 남기기
- 식사 중에 잠깐 중단하기
- 식사 중에 다른 일(TV, 독서, 전화 등) 하지 않기
- 식사 후에는 식탁 위의 음식을 즉시 치우기

내가 할 수 있는 자극조절

♥

♥

♥

보 상

체중 감소로 인하여 보이는 긍정적인 결과는 체중조절의 동기를 더욱 강화시킵니다. 체중감량에 도움이 되는 행동(식습관의 변화)을 했을 때 칭찬이나 선물 등으로 보상하는 것은 긍정적인 보상이고, 체중감량에 도움이 되지 않는 행동(과식, 운동 안함 등)을 했을 때 벌을 주거나 야단을 치는 것은 부정적인 보상이라고 합니다. 긍정적인 보상이 부정적인 보상보다 훨씬 효과적입니다.

보상방법에는 자기감시기록을 기준으로 충동조절을 잘 했을 때 상주기, 특정 행동에 특정 상을 주도록 계약 설정하기, 점차 스스로 보상할 수 있도록 훈련하기 등이 있습니다.

가능하면 구체적으로 미리 계획을 하여 보상을 해주는 것이 좋습니다.

또한, 계획대로 다이어트에 성공한다면 나를 위해 무엇을 해 줄 건가요?

새 옷을 살 것인지, 미용실에 가서 헤어스타일을 바꿀 것인지, 지금 한번 즐거운 상상을 해보면 어떨까요?

나에게 주는 보상

고쳐야 할 행동	⇨	보상
♥		
♥		
♥		

다이어트에 성공하면 나에게 줄 선물

♥

♥

♥

가족이나 친구로부터 받는 사회적 지원

혼자서 체중조절을 위해 노력하기는 어렵습니다. 가족이나 친구로부터 함께 경쟁심을 유발하거나 지원을 받는 것은 건강한 체중조절의 성공을 위해 매우 중요합니다. 우리가 먹는 식사나 운동은 가족이나 친구로부터 많은 영향을 받기 때문입니다. 예를 들어, 명절이나 파티에서 음식을 적게 먹어야 하는 경우에도 혼자서 거부하기는 어렵지만 가족이 덜 권하고 다른 즐거움을 찾도록 도움을 준다면 훨씬 쉽기 때문입니다.

가족이나 친구로부터 사회적 지원을 받는 방법을 함께 알아보도록 합시다.

- 건강한 체중조절을 위해 식이와 운동조절을 시작하였음을 가족이나 친구에게 알립니다.
- 친구나 가족 중 본인의 체중조절에 영향을 줄 수 있는 사람을 3~5명 정하여 도와달라고 요청합니다.
- 가족에게 체중조절에 해가 되는 음식은 사오지 말아 달라고 부탁합니다.
- 음식을 권하지 말라고 부탁합니다.
- 함께 운동을 할 가족이나 친구를 만듭니다.

이제 각자의 맞춤 체중조절 전략이 거의 완성되어 갈 때입니다. 맞춤영양의 궁극적

목적은 지식만이 아니라 지식+의식의 변화+행동의 변화, 즉 'KAP(knowledge, Attitude, Practice)'를 추구하는 것입니다. 꼭 실천할 수 있는 각자의 맞춤 체중조절 전략을 만들어서 평생 유익한 삶의 이정표를 세우기 바랍니다.

건강한 체중조절을 위한 Q & A

Q 과자 등의 군것질을 좋아하는 사람은 뚱뚱해지기 쉬운가요?

A 과자 등의 군것질은 자체적으로 열량이 높은 것도 문제이고, 혈당을 높여서 인슐린의 분비를 촉진합니다. 이 인슐린은 체지방의 분해를 억제하고 체지방의 합성을 촉진하므로 비만의 원인이 되기도 합니다. 또한 군것질을 하면 밥맛이 없어져 식사를 제대로 하지 않으므로 다시 군것질에 의존하는 악순환이 계속됩니다. 이런 악순환의 고리를 끊으려면 우선 세 끼 식사를 충실히 하고 군것질을 하지 말아야 합니다. 식사와 식사 사이에 혹시 무엇이 먹고 싶으면 가볍게 수분을 보충할 수 있는 차 종류, 천연음료, 요구르트, 우유 등 영양적으로 우수하면서 에너지가 높지 않은 간식을 선택하세요. 토마토, 귤, 사과 등의 과일이나 당근, 오이 등의 생채소도 수분이 많고 식이섬유소가 함유된 저열량 식품입니다. 이러한 생채소를 천천히 씹어 먹으면 식욕을 가라앉히는 효과도 있어서 체중조절 시에 바람직한 식품입니다.

Q 건강하게 살이 찌고 싶으면 어떻게 해야 하나요?

A 마른 사람에 대한 체중조절의 기본원리도 같습니다. 운동은 살찐 사람만 하는 것으로 오해하고 있는데, 마른 사람도 운동을 규칙적으로 해야 근육 생성으로 살도 찌고 식욕도 좋아져서 잘 먹게 됩니다. 살이 찌려면 영양이 좋은 식품을 선택하고 끼니를 한 끼 정도 늘려 자주 챙겨 먹으며, 먹는 일을 즐거움으로 만들어야 합니다. 예를 들면, 아침, 점심, 이른 저녁, 저녁을 자신이 좋아하는 것 위주로 챙겨 먹거나, 먹는 일을 취미로 하는 식도락 동호회에 친구랑 참여하는 것도 좋습니다. 연인과 함께 데이트하면서 맛있는 것만 골라 먹고, 곁에서 먹는 것을 챙겨주는 가족이 있으면 몸도 마음도 함께 살찔 수 있습니다. 보통 마른 사람은 외모에서 보여지는 것과 같이 실제 신경이 예민한 경우가 많습니다. 신경이 예민하면 신경전달에 에너지 소모가 많이 일어나므로, 되도록 마음을 편하게 가져 양의 에너지 평형을 이루어 살을 찌우는 것이 좋습니다. 규칙적으로 꾸준히 스스로 실천하기 쉬운 맞춤운동을 하면 뼈대 위에 골격근이 발달하므로 근육 무게로 3~5 kg 정도의 체중을 쉽게 늘릴 수도 있습니다.

MEMO 맞춤영양정보

Chapter 04

Lean

실천하기 쉬운 맞춤운동 따라하기

04 | 실천하기 쉬운 맞춤운동 따라하기

- 스트레칭 따라하기
- 요가 따라하기
- 파워 워킹 따라하기

스트레칭 따라하기

스트레칭은 근육 등을 늘려주는 운동으로 유연성 유지 및 향상, 부상의 예방 등에 도움이 됩니다. 일반적으로 근육의 길이를 정상보다 약 10% 늘려야 합니다. 운동 전후 준비운동과 정리운동에 넣는 것을 비롯하여 하루를 시작할 때부터 잠자리에 들기 전까지 틈틈이 하는 것도 좋습니다.

잠에서 깨면서

아침에 일어나 밤새 경직되어 있던 근육과 관절을 무리하지 말고 조금씩 움직여 부드럽게 풀어주어 원상태로 돌려주고, 잘못된 자세를 풀어주며, 몸과 마음을 개운하게 해주어 활기찬 하루를 시작할 수 있게 도와주는 동작입니다.

팔을 머리 위로 올리고 발끝을 몸쪽, 바깥쪽으로 5초간 유지합니다.

긴 C자 모양으로 오른쪽, 왼쪽을 5초간 유지합니다.

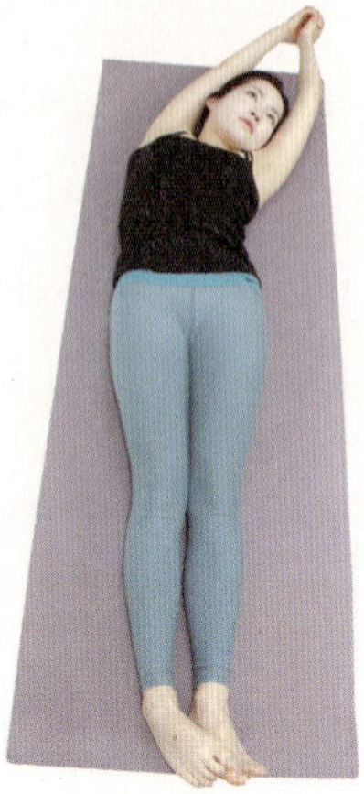

이불 위에서

바닥에 엎드려 양손을 가슴 옆으로 상체를 세웁니다.

엉덩이를 들고 바닥을 가슴으로 누릅니다.

발을 잡고 상체를 숙입니다.

아침 일과를 시작하며

목 돌리기

목을 양 옆으로 가볍게 누르고 앞 · 뒤로 누른 후 천천히 원을 그리듯이 양방향으로 돌려줍니다.

어깨 돌리기

어깨에 양손을 가볍게 올려 앞에서 뒤로, 뒤에서 앞으로 크게 돌려주고, 손을 내리고 팔을 앞에서 뒤로, 뒤에서 앞으로 크게 돌려줍니다.

옆구리 늘이기

결가부좌로 앉아서 한 손은 바닥을 짚고 반대편 팔을 위로 올려 바닥을 짚은 방향으로 상체를 굽혀 10초간 유지합니다. 반대쪽도 같은 방법으로 실시합니다.

발 끝 들기

두 손을 바닥에 대고 앉은 자세에서 뒤꿈치를 들고 10초간 유지합니다.

등 밀어 올리기

등을 동그랗게 말면서 시선은 아래를 바라보며 천천히 일어섭니다.

고개 젖히기

바르게 앉은 자세에서 머리 뒤에서 깍지를 끼고 고개를 뒤로 젖힙니다.

팔 뒤로 올리기

두 손을 뒤로 돌려 깍지를 끼고 엎드리며 두 팔을 동시에 위로 올립니다.

허리 젖히기

다리를 편안하게 벌리고 선 자세에서
허리 뒤를 두 손으로 받치고 허리를 뒤로 젖혀줍니다.

서서 기지개 켜기

바르게 선 자세에서 한 손은 위로 한 손은 아래로 놓고 위로 올린 손 쪽 옆구리를 늘려줍니다. 반대쪽도 같은 방법으로 5회 실시합니다.

오후 일과를 하며

아침의 상쾌함과는 달리 목, 어깨, 등이 굳어 있으므로 긴장되어 있던 근육을 풀어주어 척추의 부담을 덜어주고 오후 일과를 기분 좋게 시작할 수 있게 도와주는 동작입니다.

손 털기

의자에 바르게 앉아 팔을 펴고 양손을 가볍게 털어줍니다.

어깨 늘이기

의자에 바르게 앉아 앞에 있는 책상을 잡고 허리를 곱게 편 상태에서 어깨를 눌러줍니다.

상체 구부리기

의자에 바르게 앉아 한쪽 다리를 구부려 반대쪽 다리 위에 발을 얹고 상체를 앞으로 구부립니다.

앉았다 일어서기

바르게 선 자세에서 손을 올리고 가볍게 앉았다 일어서기를 5회 반복합니다.

팔 크게 돌리기

바르게 선 후 양팔을 쭉 뻗어준 상태에서 앞에서 뒤로 뒤에서 앞으로 크게 돌려줍니다.

몸 펴기

바르게 선 자세에서 위로 팔을 뻗어 깍지를 끼고 뒤꿈치를 올리며 좌우 옆구리를 늘려줍니다.

늦은 오후 하루를 정리하며

하루의 피로를 풀 수 있도록 긴장되거나 뭉친 근육과 관절을 풀어주고, 잘못된 자세를 교정하며, 신경을 적당하게 자극하여 피로감을 줌으로써 숙면을 취하게 도와주어 다음날까지 피로감이 남지 않도록 도와주는 동작입니다. 앉아서 하는 동작입니다.

손 · 발 흔들기

바르게 앉아서 양다리를 어깨너비 만큼 벌려서 펴고 양팔은 들어 가볍게 흔들어 줍니다.

목 돌리기

목을 자연스럽게 앞에서 뒤로, 뒤에서 앞으로 돌리기를 반복합니다.

다리 누르기

바르게 앉아 두 발을 마주대고 양 무릎을 손으로 가볍게 누릅니다.

잠자리에 들기 전

다리 잡아 당기기

바닥에 바르게 누운 상태에서 한쪽 다리의 발목을 잡고 가슴 앞으로 잡아 당겨 10초간 유지합니다.

다리 교차하기

바닥에 바르게 누운 상태에서 두 다리를 위로 올려 무릎을 펴서 천천히 교차합니다. 10회 정도 실시합니다.

몸 비틀기

바닥에 누운 상태에서 두 팔을 양 옆으로 펴서 한쪽 다리를 구부려 반대쪽으로 몸을 돌려 무릎이 바닥을 향하도록 누르고 10초간 유지합니다.

모관운동

바닥에 바르게 누운 상태에서 두 다리와 팔을 위로 올려 동시에 털어줍니다. 80~100회 정도 실시합니다.

요가 따라하기

요가의 기본

요가란

요가(yoga)라는 말은 산스크리트어로 '결합'이란 뜻의 '유즈(yui)'에서 유래하여 육체와 영혼을 결합하여 우주와 일체화함으로써 몸과 마음의 균형과 조화를 추구한다는 것입니다.

요가의 구성 : 동작, 호흡, 명상

동작을 함으로써 몸이 유연해지고 마음이 정화됩니다.

호흡, 특히 복부로 호흡하는 복식호흡은 자율신경을 안정시키고 체내의 체지방을 태워줍니다.

명상을 함으로써 몸과 마음을 정화시켜 주고, 심신을 안정시키며 마음의 평화를 찾을 수 있습니다.

스트레칭과의 차이

흔히 요가와 스트레칭이 비슷하다고 생각하는 경우가 많은데, 스트레칭은 근육과 관절을 부드럽게 풀어주는 운동으로 몸을 가볍게 이완해주는 동작들이나, 요가는 각각의 동작이 하나의 완성체로 복식 호흡과 함께 행해지고 몸을 건강하게 해주면서 내면의 변화를 경험하게 해주는 특징이 있습니다.

복식호흡

요가의 가장 기본 호흡법으로 가슴으로 하는 흉식 호흡이 아닌 아랫배를 이용하는 호흡입니다. 복식호흡은 심신의 안정을 찾을 수 있게 해주고 폐활량을 늘립니다. 들이마시는 호흡에 배가 나오고 내쉬는 호흡에 배가 등쪽으로 들어가게 합니다.

요가 전 준비사항

- 면 소재의 편안한 옷을 입고 맨발로 합니다.
- 머리카락은 단정히 묶습니다.
- 마음이 편안해지는 잔잔한 음악을 틀어 놓고 하면 좋습니다.
- 공복에 하는 것이 원칙이나 식사를 했을 경우 가능하면 식후 2시간 이후에 합니다.

다양한 요가 자세

토끼 자세

1. 무릎을 꿇고 앉아 양손은 발 옆에 놓고 바른자세로 턱을 당긴 후 숨을 들이쉽니다.
2. 숨을 내쉬며 등을 곱게 펴면서 이마를 바닥에 내려놓습니다.
3. 엉덩이를 천천히 올리며 정수리를 바닥에 대고 척추를 늘려 주며 자세가 완성되면 편안한 복식호흡을 유지합니다.

* 척추를 이완하고 강화시켜 목과 얼굴선을 다듬어주고 얼굴을 작아지게 만드는 효과가 있습니다. 또한 온몸의 혈액순환을 촉진시켜 머리를 맑게 해줍니다.

앉아서 옆으로 숙이기 자세

1. 왼쪽 다리를 곧게 펴고 오른쪽 다리를 구부려 회음부 가까이 끌어당기고 왼손으로 왼발을 잡고 오른손은 오른쪽 무릎에 가볍게 올려놓습니다.
2. 숨을 들이쉬며 오른팔을 귀 옆에 붙입니다.
3. 숨을 내쉬면서 오른손이 왼발에 가깝게 가도록 눌러주며 시선은 위를 쳐다보고 오른쪽 다리는 바닥을 눌러 자세가 완성되면 편안한 복식호흡을 유지합니다.

* 몸의 균형을 맞춰주며 변비를 예방해 줍니다.

허리 비틀기 자세

❶ 편안하게 앉아서 왼발이 오른쪽 엉덩이 아래로 오게 한 후 오른발은 왼쪽 무릎 옆으로 보냅니다.

❷ 숨을 들이쉬며 왼손으로 오른쪽 무릎을 살며시 밀어주고, 숨을 내쉬며 오른손은 왼쪽 뒤의 바닥을 짚고 몸을 오른쪽으로 비틉니다.

❸ 몸의 방향과 고개의 방향은 같도록 해주며, 자세가 완성되면 편안한 복식호흡을 유지합니다. 반대쪽도 동일하게 실시합니다.

* 소화력을 촉진시키며, 척추, 고관절의 탄력성을 증가시킵니다.

등 늘이기 자세

❶ 무릎 꿇고 앉아 허리를 세우고 양손은 어깨너비로 벌려 바닥을 짚습니다.

❷ 숨을 내쉬며 상체를 위로 올려주고 하체는 바닥으로 내려줍니다. 자세가 완성되면 편안한 복식 호흡을 유지합니다.

* 소화력을 촉진시키며, 척추, 손목의 탄력성을 증가시킵니다.

고양이 자세

❶ 무릎과 손을 바닥에 짚고 'ㄷ'자세로 엎드립니다.

❷ 숨을 들이쉬며 허리를 아래로 끌어당기고 꼬리뼈를 위로 들어 올리며 시선은 위로 향하게 합니다.

❸ 숨을 내쉬면서 복부와 등을 최대한 위로 동그랗게 말아 올리고 고개를 숙여 복부를 바라봅니다. 3~5회 정도 반복합니다.

* 척추 노화를 예방하고 소화기와 호흡기 기능을 향상시켜 줍니다.

고양이 기지개 자세

❶ 고양이 자세와 동일하게 합니다.

❷ 양팔을 30cm 정도 앞으로 뻗으며 턱과 가슴을 바닥에 대고 자세가 완성되면 편안한 복식호흡을 유지합니다.

* 목과 어깨의 피로를 풀어주고 오십견을 예방합니다. 비만에 효과적이며, 복부와 허리 근육을 발달시켜 줍니다.

아기 자세

❶ 무릎을 꿇고 앉아 양손은 발 옆에 놓고 바른 자세로 턱을 당긴 후 숨을 들이쉽니다.

❷ 숨을 내쉬며 등을 곱게 펴면서 이마를 바닥에 내려 놓고 편안한 복식호흡을 유지합니다.

❸ 숨을 내쉬면서 등을 들어 올립니다.

❹ 등을 곱게 펴면서 이마를 바닥에 내려 놓고 편안한 복식호흡을 유지합니다.

* 안정감과 평온함을 가져오며 긴장감을 풀어줍니다.

개 자세

❶ 고양이 자세와 동일하게 하고 발끝을 세워 무릎을 펴줍니다.

❷ 숨을 내쉬며 손목과 어깨를 지긋이 눌러 발뒤꿈치를 바닥에 눌러 줍니다. 허리를 곱게 펴주고 꼬리뼈가 하늘로 향하게 해주며 시선은 발과 발 사이에 두고 자세가 완성되면 편안한 복식호흡을 유지합니다.

* 어깨와 목의 피로를 풀어주고, 발과 발가락을 교정해 줍니다.

다리 자세

❶ 바닥에 바르게 누운 상태에서 두 무릎을 세워 어깨 너비만큼 벌려 뒤꿈치를 엉덩이 가까이에 고정하고 양손은 엉덩이 옆에 둔 후 숨을 들이쉽니다.

❷ 숨을 내쉬며 엉덩이와 허리를 위로 들어 올리고, 시선은 가슴을 바라보며 자세가 완성되면 편안한 복식호흡을 유지합니다.

* 골반과 자궁을 튼튼하게 해주며 척추의 탄력성과 근력이 강화됩니다.

다리 자세 변형

❶ 두 다리를 뻗고 바르게 앉아 양손바닥을 엉덩이 30cm 정도 떨어진 곳에 어깨너비로 짚어줍니다.

❷ 숨을 내쉬며 엉덩이를 위로 올리고 숨을 내쉬며 목에 힘을 빼서 머리를 뒤로 젖혀 자세가 완성되면 편안한 복식호흡을 유지합니다.

* 전신의 근력을 향상시키고, 어깨 유연성을 기르며 갑상선 기능을 향상시킵니다.

악어 자세

❶ 바닥에 바르게 누워 양팔을 수평으로 뻗습니다.

❷ 숨을 들이쉬며 오른다리를 직각으로 들어올리고 발목을 몸쪽으로 당겨 숨을 내쉬며 오른다리를 반대방향으로 넘겨 줍니다.

❸ 시선은 다리와 반대방향으로 바라보고 자세가 완성되면 편안한 복식호흡을 유지합니다. 반대쪽도 동일하게 실시합니다.

* 골반과 엉덩이 유연성을 향상시켜 주며, 척추질환을 예방합니다.

엎드린 악어 자세

❶ 바닥에 엎드린 다음 양다리를 모으고 양손은 어깨 높이에서 수평으로 뻗고 이마를 바닥에 됩니다.

❷ 숨을 들이쉬며 오른다리를 위로 올립니다.

❸ 숨을 내쉬며 시선은 오른쪽으로 오른다리는 왼쪽방향으로 넘겨 어깨가 들리지 않도록 주의하며 반대쪽도 동일한 방법으로 실시하고 자세가 완성되면 편안한 복식 호흡을 유지합니다.

* 척추의 좌우균형을 맞춰주며 허리와 골반의 피로를 풀어줍니다. 처진 엉덩이를 올려주는 데도 효과가 있습니다.

코브라 자세 변형

❶ 엎드린 상태에서 양손은 가슴 옆에 대고 한쪽 다리는 바깥쪽으로 무릎을 내보냅니다.

❷ 호흡을 들이마시면서 상체를 완전히 들어 올립니다.

❸ 호흡을 내쉬면서 상체를 뒤로 돌립니다. 다시 들이마시면서 정면을 바라봅니다. 반대쪽도 동일하게 실시합니다.

* 몸의 활력을 최상으로 만들어주고, 등쪽 근력을 강화시켜 생리불순, 생리통을 없애 줍니다.

활 자세

❶ 바닥에 엎드린 다음 양다리를 구부려 두 손으로 발목이나 발등을 잡고 이마를 바닥에 대고 숨을 들이쉽니다.

❷ 숨을 내쉬면서 양다리를 위로 뻗어 올리고 상체와 하체를 동시에 들어 올려 시선은 위를 향하고 괄약근을 조이며 발가락은 위로 향하게 하여 자세가 완성되면 편안한 복식호흡을 유지합니다.

❸ 처음으로 돌아와 호흡을 정리합니다.

* 척추 노화를 예방하고 소화기능을 원활하게 도와줍니다.

위로 향한 활 자세

❶ 바닥에 바르게 누워 숨을 들이쉬며 뒤꿈치가 엉덩이 가까이 오도록 발바닥을 바닥에 내려놓고 다리 간격은 골반 너비로 유지하며 양손을 귀와 어깨 사이에 두어 바닥에 내려놓고 팔꿈치는 어깨 너비로 유지합니다.

❷ 숨을 내쉬면서 엉덩이와 배를 위로 들어 올리고 정수리를 바닥에 댑니다.

❸ 팔을 쭉 뻗고 바닥을 바라보며 자세가 완성되면 호흡을 유지합니다.

* 허리 유연성을 향상시키고 손목과 팔의 관절이 튼튼해집니다.

상체 앞으로 굽히기 자세

❶ 두 다리를 뻗고 바르게 앉아 척추를 곧게 세우고 숨을 들이쉬며 아랫배를 끌어당깁니다.

❷ 숨을 내쉬면서 양손으로 발끝을 잡고 상체를 최대한 연장시킵니다.

❸ 상체를 숙여 하체와 가까워지도록 양손으로 발바닥을 당겨 주어 발목을 몸쪽으로 바짝 당깁니다. 무릎을 곧게 펴 자세가 완성되면 편안한 복식호흡을 유지합니다.

* 대퇴부와 허리의 유연성을 향상시키며 피로를 풀어주고 복부비만을 예방해 줍니다.

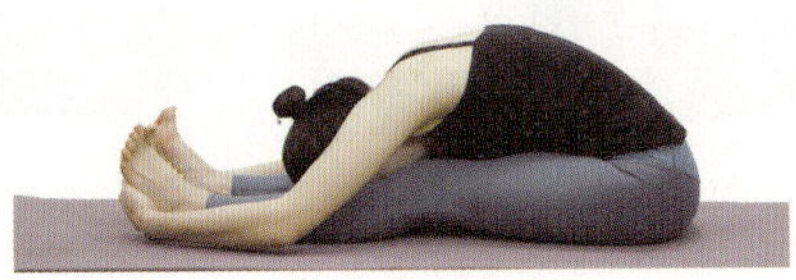

낙타 자세

❶ 양 무릎을 바닥에 대고 어깨너비 만큼 벌린 후 양손은 손가락이 엉덩이를 향하도록 허리 뒷부분을 잡습니다.

❷ 숨을 내쉬며 상체를 뒤로 젖혀 골반이 무릎보다 앞으로 오도록 밀어 줍니다.

❸ 한 손씩 양발의 뒤꿈치를 잡고 골반을 더 밀어줍니다. 자세가 완성되면 편안한 복식호흡을 유지합니다.

* 갑상선 기능을 향상시키고 변비를 예방합니다.

나비 자세

❶ 양발바닥을 맞대고 앉아 허리를 곧게 펴고 숨을 들이쉬며 양손으로 발을 잡습니다.

❷ 상체를 숙이면서 팔꿈치로 양다리를 지그시 눌러 줍니다.

❸ 상체를 숙여 이마는 바닥을 향하며 자세가 완성되면 편안한 복식호흡을 유지합니다.

* 여성의 생리통과 생리불순에 효과적이며 비뇨기 계통을 강화시키고, 골반과 무릎관절의 유연성을 향상시켜 줍니다.

비둘기 준비 자세

❶ 오른다리는 앞으로 구부리고, 왼다리는 뒤로 쭉 뻗어 숨을 들이쉬며 발과 무릎을 양손으로 잡고 상체를 곧게 폅니다. 허리를 바르게 펴고 골반은 바닥을 향하도록 합니다.

❷ 허리를 편 상태로 숨을 내쉬며 상체를 반 정도만 숙여 뻗은 다리의 발바닥은 위로 향하게 합니다.

❸ 상체를 완전히 숙이고 양손을 앞으로 뻗어 이마를 바닥에 대고 자세가 완성되면 편안한 복식호흡을 유지합니다. 반대쪽도 동일하게 실시합니다.

* 무릎관절을 유연하게 해주며 골반의 균형을 바로잡아 줍니다.

쟁기 자세

❶ 바닥에 바르게 누워 숨을 들이쉽니다.

❷ 숨을 내쉬면서 양손으로 허리를 받치고 엉덩이를 들어 올립니다.

❸ 발끝을 머리 뒤쪽 바닥에 내려놓고 양손을 깍지 끼워 바닥에 내려놓고 자세가 완성되면 복식호흡을 유지합니다.

* 목, 척추, 어깨의 유연성을 향상시키며 식욕을 억제시켜 줍니다.

송장 자세

편안하게 바닥에 누워 두 팔은 손등이 바닥을 향하도록 두고 양 발은 골반 너비로 벌려 줍니다. 자세가 완성되면 편안한 복식호흡으로 심신을 안정시켜 온몸을 이완합니다. 약 10분 정도 편안하게 심신의 안정을 유지합니다.

* 심신을 편안하게 이완시켜 주고 몸에 이로운 에너지를 충전해 줍니다.

효능에 따른 요가 자세 종류

효 능	요가 자세 종류
소화기계 기능 향상	토끼, 활, 고양이, 앉아서 옆으로 숙이기, 낙타, 허리 비틀기, 등 늘리기
여성의 생리통, 생리불순 완화	코브라 자세 변형, 나비, 다리
척추, 허리근육 강화 및 유연성 향상	활, 고양이, 엎드린 악어, 상체 앞으로 굽히기
무릎관절 강화	비둘기 준비, 나비
몸의 활력증진	상체 앞으로 굽히기, 코브라 자세 변형, 아기
목, 어깨 피로 회복	고양이 기지개, 쟁기, 다리 자세 변형, 개
복부비만 감소	상체 앞으로 굽히기
골반 균형	비둘기 준비, 악어

틈틈이 시간 내어 할 수 있는 요가의 순환운동

5분 요가 따라하기

상체 앞으로 굽히기 자세 → 앉아서 뒤로 상체 젖히기 자세 → 허리 비틀기 자세 → 고양이 자세 → 아기 자세 → 송장 자세

10분 요가 따라하기

아기 자세 → 고양이 기지개 자세 → 코브라 자세 변형 → 고양이 자세 → 개 자세 → 낙타 자세 → 아기 자세 → 송장 자세

20분 요가 따라하기

아기 자세 → 등 늘리기 자세 → 고양이 기지개 자세 → 널빤지 자세 → 코브라 자세 변형 → 고양이 자세 → 낙타 자세 → 개 자세 → 아기 자세 → 다리 자세 → 다리 자세 변형 → 악어 자세 → 엎드린 악어 자세 → 송장 자세

파워 워킹 따라하기

파워 워킹이란

그냥 걷는 것도 좋지만 특별히 다이어트에 효과적인 파워 워킹을 소개합니다. 달리기보다 많은 양의 칼로리와 체지방을 소모하기 때문에 다이어트에 효과적입니다.

파워 워킹 방법

- 손은 달걀을 쥐듯이 자연스럽게 주먹을 쥐고 가슴 높이 정도까지 올라오도록 앞으로 내밀며, 손은 골반 위쪽 정도로 내려가도록 손을 뒤로 빼줍니다.
- 팔꿈치는 L자 또는 V자로 굽혀도 90도를 유지하고, 팔은 앞뒤로 힘차게 흔들면서 걷습니다. 이때 팔꿈치가 밖으로 벌어지거나 옆으로 움직이지 않도록 주의하셔야 합니다.
- 발은 뒤꿈치–수평–엄지발가락 순으로 바닥에 닿도록 하고, 보폭은 자신의 키에서 100cm를 뺀 정도가 적당합니다.
- 무릎은 곧게 편다는 느낌으로 조금만 구부리고, 양 무릎이 스치는 느낌으로 11자 모양으로 걸으면 됩니다.
- 어깨에 힘을 빼고 편안하게 팔이 움직이도록 하며, 가슴과 등은 곧게 편 후 복부를 끌어당겨서 배에 힘을 주고, 턱을 끌어당긴 자세를 유지하면서 시선은 15m 전방에 두고 내디딘 다리의 발가락 끝으로 땅을 치면서 앞으로 나아갑니다.
- 호흡은 코로 들이마시고 입으로 내쉬는 것이 원칙이나 자신의 페이스에 맞춰 편하고 자연스럽게 하면 됩니다.

파워 워킹 방법 예시

- 1단계(약 3~분) : 가벼운 걷기로 준비운동
- 2단계(약 5~10분간) : 가볍게 파워 워킹

- 3단계(약 5~10분간) : 파워 워킹('가볍다~조금 힘들~다'의 느낌)
- 4단계(약 5~10분간) : 파워 워킹('조금 힘들다~힘들다'의 느낌)
- 5단계(약 3~4분간) : 가벼운 걷기로 정리운동

매일 꾸준하게 하루에 30분 이상 하면 좋겠지만 바쁜 일상 중에 시간되어 운동하는 게 쉬운 일은 아닙니다. 그렇다면 학교를 오면서 버스나 전철을 타러 간다든가 강의실을 옮겨갈 때 파워워킹의 방법을 숙지하여 걸어보면 어떨까요?

파워워킹 따라하기

Chapter 05

Eat delicious

맛있게 먹으면서 다이어트 하기

05 | 맛있게 먹으면서 다이어트 하기 ➔

- ✔ 무지개색으로 먹기 : 컬러푸드
- ✔ 저열량으로 포만감 느끼며 먹기 : 식이섬유소
- ✔ 싱겁게 먹기

무지개색으로 먹기 : 컬러푸드

무지개색으로 먹어야 하는 이유 – 파이토케미컬

파이토케미컬(phytochemicals)은 식물성 식품에 미량으로 존재하는 성분들로서 건강에 유익한 생리활성(항암작용, 항산화작용, 면역기능, 심장병 예방 등)을 지니고 있으며, 특히 유색의 신선한 과일, 채소, 콩류, 차류, 견과류 등에 함유되어 있고 식품의 색이 진할수록 좋은 성분이 많이 들어 있습니다.

6가지 컬러의 식품과 효능

빨강 red

빨간색은 생명력이 넘치는 강렬한 태양의 색입니다. 그래서인지 빨간색의 식품들은 활기를 넘치게 하는 것들이 많습니다. 빨간색은 또한 피의 색깔이기 때문에 심장을 상징하는 하트도 빨간색으로 칠합니다. 빨간색은 생명의 색이라고도 하는데, 심장과 피는 모두 생명과 밀접한 관계가 있습니다. 빨간색의 식품들 중에는 심장, 피와 혈관에 도움이 되는 식품들이 많습니다.

- 토마토 : 토마토에는 라이코펜(lycopene)이라는 성분이 풍부하게 들어 있는데, 이 성분은 항암작용이 있습니다. 또한 자세히 보면 색이나 모양이 심장과 많이 닮아

식품의 다양한 색 분류하기

색	식품
빨강	
노랑(주황)	
초록	
보라	
검정	
하양	

있는데, 정말로 심장을 튼튼하게 해주고 혈액순환에도 도움을 줍니다. 그러나 과유불급이라 했듯이 토마토가 몸에 좋지만 설사가 잦은 사람은 하루에 3개 이상 먹지 않는 것이 좋습니다.

- 대추 : '대추 세 알이 죽어가던 사람도 살린다' 라는 속담이 있습니다. 대추는 비타민 C가 사과의 100배, 귤의 7~8배가 들어 있고 허약체질에 큰 도움을 줄 수 있어 웬만한 한약에는 꼭 들어가고 삼계탕을 끓일 때도 들어갑니다. 또한 대추의 단맛은 마음을 편안하게 해주는 효과가 있어 우울증이나 불안 해소에 도움을 줍니다.

- 고추 : 고추는 비타민 C가 풍부하고 항균작용을 하여 한겨울에는 김치만 잘 먹어도 감기에 걸리지 않고 잘 버틸 수 있습니다. 고추에 들어 있는 캡사이신(capsaicin)이라는 성분은 암 세포를 없애주고, 기분을 좋게 해줄 뿐만 아니라 열을 발산하고 기운을 북돋워 줍니다. 또한 캡사이신이 신진대사를 도와 칼로리 소모량을 늘려주고 지방분해를 촉진시키므로 체중조절에 도움을 줍니다. 단, 너무 많이 먹으면 위장에 부담을 줄 수 있습니다.
- 사과 : '♪사과 같은 내얼굴~ 예쁘기도 하지요~ 눈도 반짝 코도 반짝~ 입도 반짝 반짝~♬ "빨갛게 익은 사과를 많이 먹으면 예뻐진다고 합니다. 영국 속담에 '하루 한 알의 사과는 의사를 멀리한다'고 할 정도로 사과는 건강에 유익을 주는 과일로 알려져 있습니다.

사과, 특히 사과껍질에는 유방암에 좋은 켐페롤(kempferol), 퀘르세틴(quercetin)을 비롯하여 식이섬유소의 일종인 펙틴(pectin), 셀룰로스(cellulose), 헤미셀룰로스(hemicellulose) 등이 풍부하여 장 건강에 유익하며, 포만감을 유지시켜 식전에 먹으면 과식도 방지하고, 혈중 콜레스테롤 수치를 떨어뜨려 동맥경화의 예방에 좋습니다.

그런데 사과를 깎아놓으면 색깔이 변하는 갈변현상이 일어나는데, 과일이 가지고 있는 성분이 공기 중의 산소와 만나 산화효소의 작용으로 인해 점차 갈색으로 되는 현상입니다. 이를 막기 위해서는 묽은 소금물, 설탕물, 식초, 레몬즙을 조금 탄 레몬수 등에 담그거나 랩에 씌워서 공기 중의 산소를 차단하면 됩니다.

이 외에도 클레오파트라와 양귀비가 젊어지고 예뻐지기 위해 먹었다는 석류, 비타민 C가 풍부한 딸기, 빨간색 파프리카, 체리 등도 빨간색 식품입니다.

노랑 yellow

노란색은 황금의 색으로 아주 귀중한 색입니다. 올림픽에서 1등을 한 사람에게는 금메달을 주고, 세상에 태어나서 한해를 무사히 산 것을 축하하는 돌잔치에서는 금반지를 선물합니다. 또한 노란색은 밝고 환한 것을 의미하기도 합니다. 피카츄가 노란 이유는 번개나 전기를 가지고 있다는 뜻이고, 전구를 그릴 때도 노란색을 사용하곤 합니다.

노란색 식품에는 우리의 눈을 밝게 해주는 비타민 A가 풍부하게 들어 있고, 혈압조절에 도움을 주는 칼륨과 장운동을 돕는 식이섬유소가 풍부하게 들어 있습니다.

- 호박 : 넝쿨식물이 많은데, 하필이면 우리는 큰 행운이 온다는 뜻을 말할 때 '호박이 넝쿨째 굴러 들어온다' 라고 하고 '동짓날에 늙은 호박을 삶아 먹으면 1년 내내 무병한다' 라는 옛 어른들의 말씀도 있습니다. 호박 속에는 비타민 B군과 C가 풍부하여 따로 영양제를 먹지 않아도 될 정도이고, 비타민 A와 E는 고운 피부를 만드는 데 도움을 줍니다. 호박씨에는 뇌의 활동을 돕고 간을 보호하는 역할을 하는 레시틴(lecithin)이라는 성분이 들어 있고, 호박잎은 쌈으로 먹으면 아주 맛있고 몸에도 좋습니다. 또한, 호박은 병충해에도 강해 키우기도 쉬운 무공해 식품입니다. '단호박고구마샐러드'(226p)를 만들어 먹어도 좋습니다.
- 당근 : 당근의 껍질에는 β–카로틴(β–carotene)이 풍부한데, 이것이 몸속으로 들어가면 1/3 이상이 비타민 A로 변합니다. 책이나 컴퓨터 사용이 많은 학생들에게는 눈 건강에 좋은 당근을 적극 추천합니다. 단, 껍질에 β–카로틴이 많으므로 가능하면 껍질째 먹는 것이 좋고, 흡수율을 높이기 위해 기름에 살짝 볶아서 섭취하는 것도 좋습니다. 그런데 당근을 너무 많이 먹은 경우 손바닥이 노랗게 되는 경우가 있는데, 이는 비타민 A가 우리 몸에 저장되며 나타나는 현상이지 '황달'이 아닙니다.

- 바나나 : 마라톤 선수들이 경기 시작 전에 흔히 먹는 과일은 바나나입니다. 달리기 전 꼭 필요한 에너지 공급원인 탄수화물의 보충을 위해서도 먹고 달리기 중 쥐가 나거나 근육 경련이 오는 경우가 많은데, 바나나에 풍부한 칼륨성분이 근육 경련을 억제하는 데 도움을 주기 때문입니다. 칼륨은 나트륨을 몸 밖으로 배설하게 하여 고혈압 등을 예방하는 데도 도움을 줍니다.

이 외에도 천연감기약이라는 생강, 비타민 C와 칼륨이 풍부한 감, 항암작용과 치매 예방을 돕는 커큐민(curcumin)이 들어 있는 카레와 골드키위, 고구마, 유자 등도 있습니다.

초록 green

초록은 생명을 뜻합니다. 싱싱한 나무와 풀들, 깨끗한 환경과 자연을 의미하는 색입니다. 세계적인 환경보호단체의 이름이 '그린피스'인 이유입니다. 초록색을 띠는 이유는 광합성 작용을 하는 엽록체가 들어 있는 엽록소 때문입니다.

- 시금치 : 시금치는 칼슘이 풍부하여 뼈를 튼튼하게 하고 비타민 A도 풍부해 눈도 밝게 해줍니다. 또한, 나이 든 흰쥐에게 약 6주 동안 시금치를 먹였더니 쥐의 학습능력이 좋아졌다는 연구결과도 나왔듯이 기억력과 치매 예방에도 아주 좋은 식품입니다. 시금치를 나물이나 된장국으로만 먹었다면 교재 'Recipe'장에 있는 '시금치 생새우살탕'(210p)으로도 만들어 먹어봅시다.
- 매실 : 선비들이 주로 그리던 그림은 바로 사군자라고 하는 매난국죽(梅蘭菊竹)입니다. 그중 맨 앞에 있는 매(梅)가 매화라는 것이고, 이 매화나무의 푸른 열매가 매실입니다. 매화는 매서운 추위가 끝나기도 전에 꽃을 피워 가장 먼저 봄을 알립니다. 그 열매인 매실도 그 기운을 받아 세 가지 나쁜 기운인 음식물, 피, 물속의 나쁜 독을 없앤다고 합니다. 그래서 옛날부터 상한 음식을 먹거나 과식을 하여 배가 아프면 매실을 먹었습니다. 항균작용을 하는 매실은 전염병이 돌거나 전쟁 중에 유용하게 쓰여 제2차 세계대전 당시 일본군은 매실을 절여 만든 장아찌인 '우메보시'

를 항상 가지고 다녔다고 합니다.

- 브로콜리 : 브로콜리는 라틴어로 '팔' 또는 '가지'를 뜻합니다. 여러 작은 가지들이 모여 큰 송이를 이루기 때문입니다. 〈타임〉지가 선정한 10대 건강식품 중 하나인 이유는 강력한 항암작용을 하는 설포라판(sulforaphane) 때문입니다. 설포라판은 위암이나 위궤양의 원인이 되는 헬리코박터 파일로리균을 죽여 위장병도 예방합니다. 또한 비타민의 일종인 엽산이 풍부한데, 엽산은 임신 초기에 태아의 신경조직이 잘 만들어질 수 있도록 돕는 작용을 하므로, 특히 가임기 여성들은 엽산을 충분히 먹어주어야 합니다. 뉴질랜드의 여성들이 키위를 많이 먹는 이유도 바로 엽산을 섭취하기 위해서입니다. 요구르트 드레싱을 곁들인 '브로콜리감자샐러드'(228p)도 한번 만들어 봅시다.

먹기만 해도 촉촉한 피부를 가꾸어 주는 오이, 지중해 연안 사람들의 필수식품 올리브, 알렉산더 대왕이 '스코트라(Scotra)'라는 섬을 정복하고 가진 알로에, 심혈관질환과 비만 예방에 효과가 있는 카테킨(catechin)을 함유한 녹차, 숲속의 보약 솔잎도 있고, 이외에 쑥, 아스파라거스, 키위 등도 초록색 식품입니다.

보라 purple

보라색은 고귀함과 권력을 상징합니다. 요즘처럼 염료가 발달되지 않았던 예전에는 주로 자연에서 염료를 채취했는데, 보라색을 얻을 수 있는 것이 별로 없어서 보라색 염료는 매우 비쌌습니다. 그래서 일반 서민보다는 왕과 종교 권력자들이 보라색 옷을 입어 부귀와 권력을 뽐내기도 하였습니다. 보라색 식품하면 예전에는 가지와 포도 정도만을 예상했지만 최근 안토시아닌(anthocyanin) 색소가 몸에 좋은 것이 알려지면서 보라색 양파, 감자, 고구마, 적양배추, 레드치커리, 블루베리, 콜라비 등 다양한 보라색 채소, 과일을 접할 수 있게 되었습니다.

- 가지 : 요즘 우리 주위에 가지를 심어서 먹는 경우는 드물지만, 옛날 시골에서는 가지를 심어 처음 달린 열매를 방에 걸어 놓으면 그 해

여름에는 더위를 타지 않고 병도 잘 걸리지 않는다고 믿었습니다. 가지는 항암작용을 하고 식이섬유가 풍부하여 변비를 예방합니다.

- 포도 : 프랑스인들이 고지방 식사를 함에도 불구하고 심장병에 의한 사망률이 낮은 이유를 연구한 결과 그 원인이 레드와인 때문임이 밝혀졌습니다. 이 연구결과가 발표된 이후 미국 내 와인 판매량이 4배나 급격하게 증가하였는데, 포도주나 포도주스에 들어 있는 레스베라트롤, 폴리페놀 등의 덕분입니다. 그러나 프랑스인들은 심장병에 의한 사망률은 낮지만 알코올로 인한 질병 및 사고로 인한 사망 비율은 오히려 높으므로 적당한 와인의 섭취가 중요하고, 포도 자체로 섭취하는 것이 좋습니다.
- 블루베리 : 책과 컴퓨터를 많이 보아 눈이 나빠졌다면 블루베리를 권합니다. 제2차 세계대전 중 영국군이 독일군의 군사기지를 폭격해야 하는데, 공격 성공률이 낮은 야간 공격 중에도 정확하게 적의 기지를 찾아 공격을 하는 '윌리엄'이라는 조정사가 있었습니다. 그에게 비결을 물은 결과 '블루베리' 임이 알려지면서 블루베리에 대한 연구가 시작되었다고 합니다. 블루베리에 들어 있는 안토시아닌 색소가 눈을 보호하고 시력 향상에 도움을 주며, 활성산소를 억제하여 심장병, 당뇨병, 뇌졸중과 같은 질병의 예방 및 치료에도 도움을 줍니다. 그래서 블루베리 또한 〈타임〉지가 선정한 세계 10대 슈퍼푸드에 포함되었습니다.

검정 black

검은색 식품은 식탁을 화려하게 빛내주지 못하므로 그동안 식탁에서 그리 환영받지 못했습니다. 그러나 검은색을 나타내는 안토시아닌이 면역력을 높여 주고 신장기능, 생식기 계통의 기능을 원활하게 도와준다는 사실이 알려지면서 주목받기 시작했습니다.

'블랙 푸드의 3총사' 라는 흑미, 검은콩, 검은깨에는 다양한 비타민 B군, 무기질, 필수지방산 등이 많이 함유되어 있어서 탈모 환자에게 권장하는 식품입니다. 한방에서도 신장기능을 강화하고 허약 체질을 개선하는 것은 검은색 식품이라고 말합니다. 단, 안토시아닌 색소는 물에 잘 녹기 때문에 검은콩이나 흑미를 조리할 때 물에 오래 불리지 않는 것이 좋습니다.

우리 몸의 중금속이나 노폐물들의 배설에 도움을 주는 다시마, 체내에 열을 내려 주고 염증을 가라앉히는 메밀 등도 있습니다.

하양 white

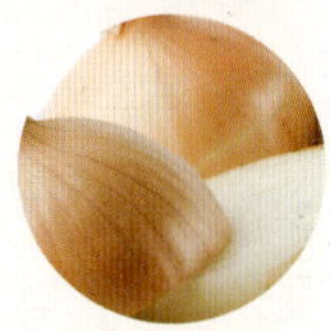

흰색은 청결이나 위생을 뜻하고, 백의민족인 우리나라의 경우 더욱 친숙한 색입니다. 흰색 식품은 햇빛을 못 보고 자란 식품들이 많습니다. 콩나물을 비롯하여 흙속에 묻혀 있어 햇빛을 못 보고 자란 무, 감자, 인삼, 양파, 마늘과 같은 식품들이 여기에 속합니다.

- 마늘 : 단군신화에 나오는 곰이 100일 동안 먹었던 것 중 하나가 마늘이고, 고대 이집트 시대에 피라미드 건설 당시 인부들에게 마늘을 먹였다는 기록도 있습니다. 마늘은 강한 냄새를 제외하고는 100가지 이로움이 있다고 하여 일해백리(一害百利)라고 하며 그 효능이 점점 밝혀지고 있습니다. 마늘은 피로를 회복하고 체력을 보강하는 데 도움을 줍니다. 마늘 특유의 냄새를 내는 알리신(allicin)은 살균작용도 우수하고 감기를 비롯한 각종 호흡기질환에 효과적이며 항균, 항암, 항알레르기에 효과적입니다. 《동의보감》에도 마늘은 '성질이 따뜻하고 맛이 매우며 독이 있다. 종기를 제거하고 풍습과 나쁜 기운을 없앤다. 냉과 풍증을 제거하고 비장을 튼튼하게 하며 위를 따뜻하게 한다'고 기록되어 있습니다.
- 양파 : 짜장면 먹을 때도 꼭 함께 오고, 햄버거 안에도 들어 있는 식품은? 바로 양파입니다. 기름에 볶거나 튀긴 음식을 주로 먹는 중국인들이 고혈압, 동맥경화 등에 잘 걸리지 않았던 이유를 양파에 둘만큼 양파는 피를 맑게 해주고 혈관 벽에 찌꺼기가 쌓이지 않도록 도와줍니다. 살균력이 뛰어나 습진이나 무좀이 있는 사람에게도 좋고 세계적으로 장수하는 노인들이 많이 사는 코카서스 사람들이 양파를 즐겨먹는다고 합니다.
- 인삼 : 죽어가는 사람도 살린다는 산에서 스스로 자란 '산삼'을 비롯하여 사람들이 직접 재배한 '인삼'의 사포닌이라는 성분은 기억력 향상, 당뇨병, 심장병, 항암작용 등 여러 가지 생리활성기능이 우수합니다. '연자수삼죽'(202p)으로도 먹을 수 있습니다.

인삼을 닮은 도라지, 돼지고기나 쇠고기에 들어 있는 단백질을 소화시키는 분해 효소가 풍부한 배, 비타민 U 성분을 함유하여 위궤양과 위염에 좋은 양배추, 더덕, 콩나물, 무, 버섯 등이 있습니다.

얼마나, 어떻게 먹을까

얼마나 먹을까

2010년에 새롭게 발표된 식품구성안인 '식품구성자전거'를 보면 하루 식사의 1/3 정도를 채소와 과일로 섭취할 것을 권고하고 있습니다.

미국 농무부(USDA)에서는 그림과 같은 '내 접시 도표(My plate diagram)'를 발표하였는데, 하루 먹어야 하는 식품 중 반을 채소와 과일로 채울 것을 권하고 있습니다.

우리나라 '식품구성자전거'

출처 : 보건복지부 · (사)한국영양학회(2015), 2015 한국인 영양소 섭취기준.

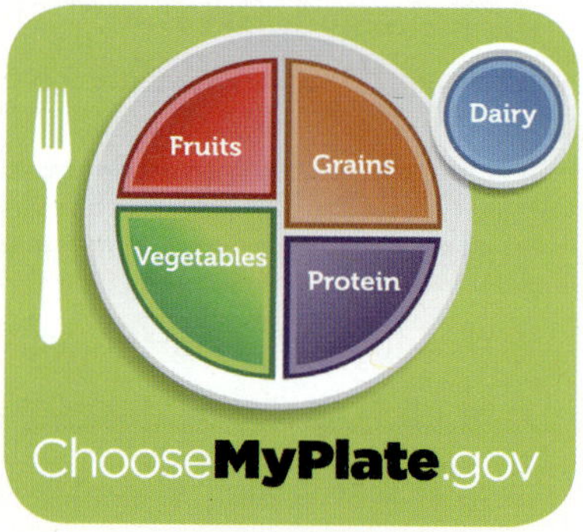

미국 '내 접시 도표'

출처 : ChooseMyplate.gov Content; http://www.choosemyplate.gov

- 국가암정보센터의 국민 암예방 수칙 10가지 중에는 '채소와 과일을 충분하게 먹고'가 있습니다.
- 대한암협회가 권고하는 암 예방 수칙 14가지 중에는 '황록색 채소를 주로 한 과일 및 섬유질을 섭취한다' 와 '비타민을 적당량 섭취한다'가 있습니다.
- 미국암협회에서는 '암예방을 위해 채소, 과일 하루 2.5컵 섭취 권장'이라고 합니다.

- 미국에서는 'Five a day' 라는 캠페인을 벌이고 있습니다. 하루 다섯 번, 다섯 가지 색깔의 채소를 골고루 섭취하자는 취지입니다.

이를 종합하면, 하루에 채소는 5번, 계절과일은 2번 먹기를 권합니다. 이왕이면 서로 다른 색이면 더욱 좋습니다.

어떻게 먹을까

- 제철식품 고르기
- 색깔이 선명하고 진한 것 고르기 : 햇빛을 많이 받아 파이토케미컬이 풍부
- 가능한 날 것으로 섭취 : 단, 토마토와 마늘, 당근 등은 올리브기름을 사용하여 익혀 먹기

깨끗이 씻어서 날 것으로 채소를 천천히 씹으면서 식사를 시작하면 식욕을 가라앉혀서 비만 예방에도 효과적입니다.

MEMO 맞춤영양정보

저열량으로 포만감 느끼며 먹기 : 식이섬유소

식이섬유소란

우리 몸의 소화효소에 의해 소화 · 흡수되지 않는 다당류로 물에 녹는 가용성 섬유소와 물에 녹지 않는 불용성 섬유소가 있습니다. 가용성 섬유소(펙틴, 검, 뮤실리지 등)는 주로 과일, 해조류, 콩류에 함유되어 있고, 불용성 섬유소(셀룰로스, 헤미셀룰로스, 리그닌 등)는 주로 채소류, 잡곡류 등에 많이 함유되어 있습니다.

식이섬유소의 권장량은 1,000 kcal당 12 g으로 남성(20~29세)은 하루에 31 g, 여성은 25 g 이상 섭취하기를 권합니다.

그럼, 한 끼에 10 g 정도의 식이섬유소를 먹어야 한다는 것인데, 식품으로는 어느 정도 될까요? 여기 일반적인 한 끼 식사가 있습니다. 이 식사 안에 들어 있는 식이섬유소의 양은 다음과 같습니다.

일반적인 한 끼 식사의 식이섬유소 양

한국인 상용식품의 식이섬유소 함량

분 류	식품명	목측량	중량(g)	열량(kcal)[1]	식이섬유소[2]
곡류	쌀밥	1공기	210	300	1.2
	현미밥	1공기	210	315	3.4
	감자	1개(대)	150	95	1.1
	고구마	1개(대)	245	321	6.4
채소류	양배추	2장	75	17	6.1
	셀러리	1줄기(대)	25	7	0.4
	오이	1개(대)	150	18	1.2
	미나리	1단(중)	100	21	2.6
	당근	1개(대)	150	56	3.8
	표고버섯	3개(대)	50	9	4.2
	배추김치	1인분	50	9	1.4
	깍두기	1인분	50	11	0.6
해조류	미역국	1대접	70	11	2.2
	마른 김	1장	2	3	0.9
과일류	사과	1개(대)	180	88	2.5
	배	1개(대)	300	123	2.1
	토마토	2개(소)	350	54	3.5
	키위	1개(중)	80	51	2.9
	딸기	7개(중)	150	54	1.8

1) 식품성분표 제8개정판(2012), 농촌진흥청 국립농업과학원.
2) 기능성성분표(2009), 농촌진흥청 국립농업과학원.

식이섬유소의 기능

비만 예방

고섬유소 식사는 포만감을 주면서 상대적으로 열량이 낮습니다. 또한 음식물이 장을 통과하는 시간을 빠르게 하여 영양소의 흡수량을 적게 하고 다른 영양소의 흡수를 방해합니다.

식후 혈당상승속도 지연

식사 후 소장에서 당의 흡수를 지연시켜 급속한 혈당상승을 막아주어 인슐린 필요량을 감소시키는 효과가 있습니다.

변비 예방 · 개선

불용성 섬유소는 스펀지처럼 물을 흡수하여 변의 부피를 크게 하고 부드럽게 만들어 배변하기 쉽게 도와줍니다. 또한 변이 대장에 머무르는 시간을 단축시켜서 변비 및 대장암을 예방해 줍니다. 그러므로 식이섬유소 섭취량을 늘릴 때에는 식이섬유소와 함께 수분을 충분히 섭취하는 것이 중요합니다.

고지혈증 예방 · 개선

소장의 콜레스테롤 흡수를 방해하여 혈청 콜레스테롤을 감소시킵니다. 수용성 식이섬유소를 하루 5~10 g 섭취하면 LDL–콜레스테롤 농도를 5% 낮추어 준다는 실험결과도 있습니다.

식이섬유소 과잉 섭취의 문제점

- 식이섬유소를 충분히 섭취하면서 물을 먹지 않으면 오히려 변이 매우 단단해져 배변이 어려워질 수 있습니다.
- 칼슘, 아연, 철분 등 중요한 무기질과 결합하여 배설되므로 무기질 흡수를 방해할 수 있습니다.
- 식이섬유소 과잉 섭취는 장내 가스를 생성하기도 합니다.

식이섬유소 섭취를 늘리기 위한 방법

- 쌀밥보다는 잡곡밥(보리, 콩, 현미 등)을, 흰빵보다는 보리빵, 통밀빵을 먹습니다.
- 채소류와 해조류 반찬을 충분히 먹습니다.
- 과일주스보다는 생과일 형태로 먹습니다.

싱겁게 먹기

나트륨이란

소금(NaCl) = 나트륨(Na) + 염소(Cl)

소금은 염화나트륨(NaCl)으로 나트륨(Na)과 염소(Cl)로 구성되어 있어 소금의 40%가 나트륨입니다. 즉, 1 g의 소금에는 400 mg의 나트륨이 포함되어 있으므로 나트륨 2,000 mg은 소금 5 g에 해당되고 이는 찻숟가락 하나 분량인 1작은술입니다.

나트륨과 소금

나트륨의 기능

나트륨은 혈액이나 체액의 주요 성분으로 수분량을 조절하고 신경, 신호전달, 근육 수축에 중요한 역할을 하는 우리 몸에 꼭 필요한 영양소입니다. 그러나 많은 식품에 소량씩 함유되어 있어 부족하게 섭취할 가능성은 적으며 과잉 섭취가 문제가 되고 있습니다.

나트륨의 권장량과 섭취량

세계보건기구(WHO)와 우리나라에서는 성인의 1일 나트륨 섭취 권장량을 2,000 mg으로 정하였으나 우리나라 1인 하루 나트륨 섭취량은 4,583 mg(2012년 기준)으로 2.29배 이상에 해당됩니다.

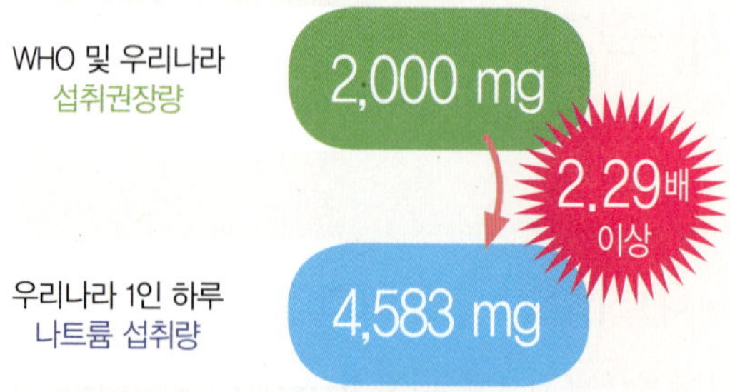

우리나라 나트륨 권장량과 섭취량

우리가 먹는 식품에는 어느 정도의 나트륨이 들어 있을까요?

나트륨은 젓갈, 염장제품뿐만 아니라 가공식품과 패스트푸드에도 많이 들어 있습니다. 그러므로 가공식품과 패스트푸드 섭취를 줄이는 것만으로도 나트륨 섭취를 줄일 수 있습니다. 집에서 먹는 식사보다 외식 시 나트륨 섭취가 과잉될 위험이 크므로 다음의 표에 있는 외식음식의 나트륨 함량을 참고하여 선택을 하고 주문할 때에도 '덜 짜게', '싱겁게' 해달라고 주문하는 것이 좋습니다.

또한, 가공식품이나 외식 시 첨가되는 MSG(monosodium glutamate)는 아미노산인 글루탐산과 나트륨이 결합된 것으로, MSG를 많이 먹게 되면 나트륨 섭취도 자연스레 늘어나게 됩니다. 요즈음에는 가공식품에 'MSG 무첨가' 라고 표시하는 마케팅을 하고 있지만 자세히 들여다보면 단독 MSG 성분은 없지만 ~시즈닝, ~맛 베이스, ~분말 등 다른 인공조미료들을 첨가하고 있는 실정입니다.

식약처에서 2012년과 2013년에 발간한 〈국민 다섭취 외식 영양성분 자료집〉을 보면 2012년에 108종, 2013년에 130종의 외식음식에 대한 영양성분을 알 수 있습니다. 이 중 나트륨 함량이 가장 높은 20개의 음식에 들어 있는 나트륨 함량은 다음과 같습니다.

나트륨 함량이 높은 외식음식 순위 1~20위

음식명	용량(g)	나트륨(mg)
짬뽕	1,000	4,000
우동(중식)	1,000	3,396
간장게장	250	3,221
열무냉면	800	3,152
김치우동	800	2,875
소고기육개장	700	2,853
짬뽕밥	900	2,813
울면	1,000	2,800
기스면	1,000	2,765
삼선우동	1,000	2,722
간짜장	650	2,716
삼선짬뽕	900	2,689
부대찌개	600	2,664
굴짬뽕	900	2,662
알탕	700	2,642
감자탕	900	2,631
삼선짜장면	700	2,628
물냉면	800	2,618
동태찌개	800	2,576
선짓국	800	2,519

외식의 나트륨 함량 알아보기

혹시 이 외에 본인이 좋아하는 음식의 나트륨 함량을 알고 싶은가요?
아래의 두 사이트나 앱을 이용하면 쉽게 알아볼 수 있답니다.

- http://www.mfds.go.kr/nutrition/index.do
- http://www.foodnara.go.kr/kisna/index.do
- 스마트폰용 앱 '칼로리 코디 II'

외식음식의 나트륨함량

나트륨 과잉 섭취의 문제점

- 고혈압 : 혈액 내 나트륨 농도가 높아지면 삼투압 현상에 의해 조직의 수분이 혈액 내로 들어와 혈류량이 증가하고 혈압이 상승합니다.
- 심장질환, 뇌졸중 : 고혈압으로 인한 혈관의 손상으로 심혈관이나 뇌혈관이 막히거나 터집니다.
- 골다공증 : 체내에서 나트륨이 배설될 때 칼슘이 함께 배설됩니다.
- 위장질환 : 나트륨이 위 점막을 자극해 위염을 유발, 위암으로 발전시킵니다.
- 신장질환 : 고혈압으로 신장의 모세혈관이 망가지며 신장기능이 저하됩니다.
- 비만 : 나트륨은 식욕을 조절하는 호르몬인 렙틴(leptin)과 그렐린(ghrelin)의 분비에 영향을 미칩니다. 위에서 분비되는 그렐린은 식욕을 증가시키고, 지방세포에서 만들어져 분비되는 렙틴은 식욕을 억제하는데, 나트륨 섭취가 증가하면 그렐린의 분비는 활발해지고 렙틴의 분비는 저하됩니다. 그러므로 저염식을 하게 되면 과도한 식욕증가를 막아주어 다이어트에 효과적입니다. 실제로 국민건강영양조사 자료를 이용하여 나트륨 섭취와 비만의 상관관계를 확인한 결과 짜게 먹을수록 비만에 걸릴 위험이 80% 정도 높은 것으로 보고되었고, 나트륨 섭취가 증가할수록 허리둘레가 커졌다는 보고도 있습니다.

  또한 비만인 사람은 고혈압, 당뇨 등과 같은 만성질환에 걸릴 확률이 높은데, 특히 고혈압의 경우 체중과 상관관계가 매우 높아 체중만 감소해도 혈압이 낮아지는 것을 볼 수 있습니다. 그러므로 비만인 사람은 식욕 저하를 위한 것뿐만 아니라 동반되는 각종 질환의 예방을 위해서라도 반드시 저염식을 실천해야 합니다.

나트륨 적게 먹는 방법

식품 구매 시

영양성분표시에 있는 나트륨 양을 꼭 확인합니다.

같은 가공식품을 구매하더라도 나트륨 함량이 낮은 것을 선택합니다.

외식 선택 시와 음식을 주문할 때

집에서 모든 끼니를 해결할 수는 없으므로 우리는 어쩔 수 없이 외식을 하게 됩니다.

- 외식 선택 시 MSG 첨가 여부를 반드시 확인합니다.
- 외식의 나트륨 함량을 기억하고 나트륨 함량이 지나치게 많은 외식은 피합니다.
- '짜지 않게 해주세요'를 외칩니다 : 이것은 창피한 것이 아니라 내 몸을 위한 정당한 권리 주장입니다. 지금은 너무도 당연한 흡연 규제도 공공장소에서 담배 피우는 것을 금하며 'No'라고 말하는 것에서 시작되었습니다.
- 양념, 소금, 소스 등은 미리 넣지 말고 '따로 주세요'라고 말합니다.

식품 조리 시

- 소금 대신 양념을 찍어 먹습니다 : 식품 조리 시 소금에 절여서 먹는 것보다 날 것으로 조리하여 간장 등의 양념을 찍어 먹는 것이 나트륨의 섭취를 줄일 수 있는 방법입니다. 예를 들어, 고등어를 먹는다면 자반고등어구이를 먹는 것보다 생고등어를 사다가 구워서 간장에 찍어 먹는 것입니다. 자반고등어 한 토막을 먹을 때는 1.6 g 정도의 소금을 먹게 되는데, 생고등어로 간장을 찍어 먹으면 0.8 g 정도의 소금을 먹게 됩니다. 이를 호박전, 동태전 등의 전 요리, 나물 등에도 적용할 수 있습니다.

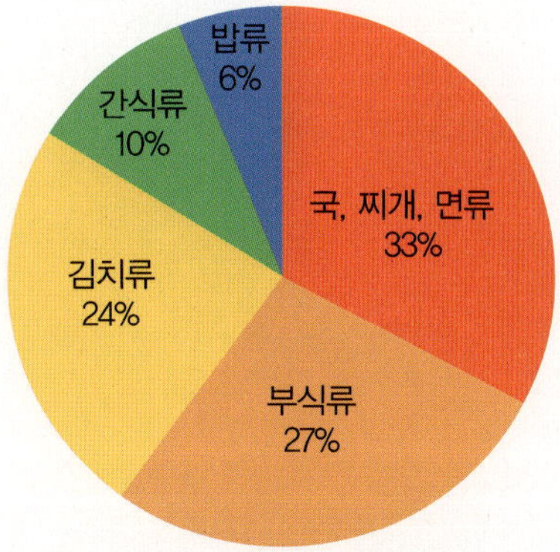

우리나라 주요 음식별 나트륨 섭취율(%)

출처 : 국민건강영양조사(2011).

- 음식의 온도가 높으면 짠맛이 덜 느껴지므로 조리 후에 간을 합니다.
- 서서히 싱겁게 만듭니다. 갑자기 음식을 싱겁게 만들면 맛이 없다는 불평이 나오게 됩니다. 하지만 소금첨가량을 5%씩 줄여나가면 입맛의 변화를 거의 느낄 수 없습니다.

식품 섭취 시

- 국, 찌개 등 국물음식의 국물을 적게 먹습니다 : 우리나라 주요 음식별 나트륨 섭취율을 보면 국, 찌개, 면류에서 33%를 섭취하고 있었으며, 27%가 기타 부식류에서 섭취하고 있습니다. 그러므로 나트륨 섭취를 가장 쉽게 저감화시킬 수 있는 방법은 국물을 적게 먹는 것입니다.
  국물을 적게 먹는 첫 번째 방법은 국 섭취 시 무조건 국물은 남긴다는 생각을 하는 것입니다. 조금씩 조금씩 국물을 남기다 보면 그만큼 나트륨의 섭취도 줄일 수 있습니다.
  두 번째 방법은 국을 젓가락으로 먹는 것입니다. 그러면 자연스럽게 국물을 남기게 됩니다. 세 끼 중 한 끼는 국 없이 물과 함께 식사를 하는 것도 좋은 방법입니다.
- 소금이나 조미료가 많이 들어 있는 염장식품이나 인스턴트식품 등 가공식품의 섭취를 줄입니다.
- 칼륨이 풍부하여 나트륨 배출을 돕는 채소류를 충분히 먹습니다.

Chapter 06

Recipe

레시피

면역력 증강에 좋은 수삼과 연자육을 넣어 노인이나 환자에게도 좋은

연자수삼죽

(100 kcal/1인분)

연자수삼죽

만드는 방법

01 쌀가루는 물 2/3컵을 넣어 풀어 놓는다.

02 연자육가루는 물 2큰술을 부어 풀어 놓는다.

03 수삼가루도 물 2큰술을 부어 풀어 놓는다.

04 냄비에 물 1컵을 붓고 끓으면 1의 쌀가루를 넣고 푹 끓인다.

05 4의 죽이 끓어오르면 불을 낮추고 연자육가루와 수삼가루, 소금을 넣어 뭉근히 끓인다.

06 연자육은 물에 담가 충분히 불린 후 삶는다.

07 5의 죽을 그릇에 담고 6의 삶은 연자육을 띄워낸다.

재료 및 분량 (2인분)

쌀가루 1/3컵, 연자육가루 1큰술, 수삼가루 1큰술, 연자육 4개, 소금 1작은술, 물 2컵

Tip 불안한 마음을 다스려 주고 심신을 안정시켜 주는 연자육은 강장작용, 기억력을 도우며 만성적인 소화장애에 도움이 됩니다.
원기를 북돋우고 혈압조절에 효과가 있는 수삼은 저혈압으로 인한 현기증 증세를 없애주고 사포닌은 뇌의 신경세포를 보호하고 방어력을 키워 치매 예방뿐 아니라 치료에도 효과적입니다.
죽의 농도는 취향에 따라 물의 양으로 조절하면 됩니다.

연잎의 새로운 변신

맞춤형다이어트연잎롤 (400 kcal/1인분)

만드는 방법

01 연잎은 소금물에 데쳐 찬물에 헹군 후 물기를 제거하고 김 크기로 썬다.

02 멥쌀을 씻어 불린 후 다시마를 넣어 고슬고슬하게 밥을 짓는다.

03 냄비에 식초, 설탕, 소금을 넣고 끓여 1의 밥에 섞어 맛을 낸다.

04 오이는 길이로 가늘게 썰어 씨를 제거하고 소금에 살짝 절인 다음 물기를 제거한다.

05 달걀을 풀어 두툼하게 지단을 부쳐 김밥용으로 썬다.

06 당근은 채 썰어 소금물에 데치고, 단무지는 물기를 닦아 준비한다.

07 소고기는 0.5cm 두께로 썰어 불고기 양념을 넣어 재운 다음 팬에 익혀 썬다.

08 연잎을 김발 위에 놓고 밥을 고루 펴 얹은 다음 김밥용 소를 넣고 말아준다.

09 연잎롤을 먹기 좋은 크기로 썰어 담는다.

재료 및 분량 (2인분)

멥쌀 170g, 소고기 40g, 당근 1/4개, 단무지 썰어진 것 2줄, 오이 1/3개, 달걀 1개

* 촛물 : 레몬식초 2큰술, 설탕 2/3큰술, 소금 1작은술
* 불고기 양념 : 간장 1작은술, 맛술 1작은술, 다진 파 1/2작은술, 다진 마늘 1/4작은술, 깨소금 1/4작은술, 참기름 1/4작은술, 후춧가루 약간
* 연잎 2장

Tip 각종 무기질과 비타민, 섬유질이 풍부한 연잎은 비만은 물론 항산화물질이 많이 함유되어 노화방지에 도움을 주고, 철분이 많아 빈혈이 있는 여성과 혈액순환이 안 되어 손발이 찬 사람, 당뇨에도 효과가 있습니다.

어린 연잎을 이용하여 만드는 맞춤형 다이어트 연잎롤은 현재 특허 출원된 메뉴입니다(특허 출원번호 : 10-2012-0126789).

건강은 물론 다이어트에도 효과 만점

버섯덮밥

(400 kcal/1인분)

만드는 방법

01 고슬고슬한 밥을 준비한다.

02 소고기는 얇게 썰어 밑간을 한다.

03 홍피망, 양파, 양송이버섯, 표고버섯, 당근, 풋고추는 먹기 좋은 크기로 썬다.

04 팬에 물을 3큰술 두르고 양파와 다진 마늘을 넣고 볶다가 소고기와 당근, 표고버섯, 양송이버섯, 팽이버섯, 풋고추를 넣어 볶는다.

05 4에 물을 붓고 끓으면 국간장, 고추장, 올리고당, 후춧가루를 넣고 끓이다가 소금과 후춧가루로 맛을 내고, 물녹말(녹말 2큰술, 물 4큰술을 넣어 푼 것)을 넣어 걸쭉하게 농도를 맞춘다.

06 접시에 1의 밥을 담고 5의 덮밥소스를 올려 완성한다.

재료 및 분량 (2인분)

쌀 120g

* 소고기(살코기) 100g, 소금 · 후춧가루 · 맛술 1.5큰술
* 양파 1/2개, 홍피망 1/2개, 양송이버섯 3개, 표고버섯 3장, 당근 60g, 풋고추 2개, 팽이버섯 30g, 다진 마늘 1큰술, 물 3큰술
* 물 1.5컵, 국간장 1큰술, 고추장 1큰술, 올리고당 1큰술, 후춧가루 · 녹말 2큰술

Tip 양송이버섯은 포만감을 유지시켜 식사량조절에 도움을 줄 수 있고, 표고버섯은 칼슘의 흡수를 도와 골다공증을 예방해 주는 비타민 D뿐만 아니라 비타민 B_1, B_2, 나이아신, 칼슘, 칼륨, 인, 셀레늄 등이 풍부합니다. 이러한 양송이와 표고버섯에 소고기까지 넣어 한 끼 식사로 충분한 덮밥입니다.
버섯덮밥용 소스의 농도를 맞출 때 사용하는 물녹말은 녹말과 물을 1 : 2의 비율로 풀어서 사용하면 실패하지 않고 윤기가 나는 먹음직스러운 덮밥용 소스가 만들어집니다.

쌀과 콩나물, 소고기의 별미밥

콩나물밥

(350 kcal/1인분)

콩나물밥

만드는 방법

01 쌀은 깨끗이 씻어 쌀뜨물을 말끔히 따라 버리고 불린 후 건져 준비한다.

02 콩나물은 꼬리, 껍질, 상한 부위를 제거하고 깨끗이 씻어 둔다.

03 파, 마늘은 곱게 다져 간장 양념을 만든다.

04 소고기는 결대로 5cm 길이로 자른 후 0.3×0.3cm로 채 썬 다음 고기 양념장을 넣어 양념한다.

05 냄비에 쌀, 양념한 소고기, 콩나물을 얹고 다시 쌀, 양념한 소고기, 콩나물을 순서에 맞게 얹어 동량의 물을 붓고 처음엔 센 불로 끓이다가 중불, 약불로 조절해 가며 고슬고슬한 밥을 짓는다.

06 뜸이 다 들면 부추를 넣고 1분간 뜸을 들인 다음 콩나물과 소고기가 고루 섞이도록 살살 풀어 밥을 푼다.

재료 및 분량 (2인분)

쌀 130g, 콩나물 140g, 소고기(살코기) 80g, 부추 20g

* 소고기 양념장 : 진간장 2작은술, 다진 대파 1/2큰술, 마늘 다진 것, 1작은술, 참기름 1작은술
* 양념 간장 : 간장 1큰술, 통깨 1작은술, 참기름 1작은술, 고춧가루 1작은술

Tip 신선한 맛과 아삭한 씹힘성이 좋은 콩나물은 비타민 B_1, B_2, 비타민 C가 풍부하고 숙취 해소에 좋은 아스파라긴산이 풍부한 고섬유질, 저칼로리 다이어트 식품입니다.
밥을 지을 때의 물 분량은 콩나물에서 수분이 나오므로 일반적인 쌀밥보다 물을 적게 넣고 밥을 지어야 합니다. 밥을 짓는 도중에 뚜껑을 자꾸 열면 콩나물 비린내가 나므로 뜸을 들일 때 주의합니다. 또한 밥이 질어지지 않도록 하고 밥을 풀 때 콩나물과 소고기를 살살 섞어서 담아야 합니다.

{ 건강한 반찬 이야기 }

새우의 담백함, 오징어의 쫄깃함이 만난 초 간단 저칼로리

시금치생새우살탕

(50 kcal/1인분)

시금치생새우살탕

만드는 방법

01 냄비에 물과 건새우, 마늘편, 대파를 넣어 15분 정도 끓인 후 걸러 밑 국물을 만든다.

02 끓는 소금물에 시금치를 넣고 살짝 데친 다음 찬물에 헹구어 식힌다.

03 블렌더에 2의 시금치와 물 50 cc를 넣고 대충 갈아준다. 홍고추는 어슷하게 썬다.

04 새우는 이쑤시개를 이용하여 내장을 제거하고, 오징어는 껍질을 벗겨 채 썬다.

05 1의 국물에 된장 1/2큰술을 풀고 생새우와 오징어를 넣은 후 다진 마늘, 파, 소금 약간, 물녹말을 넣고 고르게 섞는다(걸쭉해진다).

06 5에 3의 시금치와 풀어놓은 달걀흰자, 홍고추 순으로 넣고 저어주며 끓이다가 후춧가루로 마무리한다.

재료 및 분량 (2인분)

시금치 25g(3포기 정도), 오징어 1/8마리, 생새우살 20g, 홍고추 1/4개, 달걀흰자 1/2개, 쪽파 1뿌리, 다진 마늘 1작은술, 된장 1/2큰술, 소금 약간, 후춧가루 약간

* 물녹말 : 녹말 1/2큰술에 물 1큰술을 넣어 푼다.
* 육수 : 물 1.5컵, 건새우 15g, 마늘 1쪽, 대파 1/8뿌리

Tip

오징어에는 필수아미노산인 트립토판, 라이신이나 트레오닌 등이 많이 들어 있습니다. 지방 함량이 적기 때문에 저칼로리 식품의 대명사인 오징어는 인산의 함량이 많아 강한 산성식품으로 시금치와 같은 알칼리성 식품과 함께 요리하여야 합니다. 껍질을 벗길 때는 종이타월로 문지르거나 소금으로 비벼가며 벗기면 손질하기가 쉽습니다.

한방에서 최고의 강장식품으로 손꼽히는 새우는 전 세계에서 식재료로 많이 이용되고 있습니다. 단백질, 칼슘은 물론이고 각종 비타민과 무기질이 풍부하게 함유되어 있습니다.

수프와 같은 느낌으로 색감을 살리기 위해 오래 끓이지 않습니다. 바지락이나, 모시조개로 국물을 내어 끓이면 시금치바지락탕이 됩니다.

먹기 편한 꼬치요리

연근닭꼬치

(150 kcal/1인분)

연근닭꼬치

만드는 방법

01 닭은 살로만 준비하여 구운 후 꼬치용으로 썬다.

02 연근은 껍질을 벗겨 0.2cm 두께의 원형으로 자르고 식초물에 담갔다가 살짝 데친다.

03 데친 연근을 딸기가루, 자색고구마가루, 녹차가루를 녹인 물에 넣어 곱게 물들인다.

04 꼬치구이용 양념장 재료를 분량대로 넣어 만든 다음 1의 닭을 넣고 졸여준다.

05 4의 졸여진 닭고기와 연근을 꼬치에 꿴다.

06 접시에 가지런하게 담는다.

재료 및 분량 (6인분)

닭고기 300g, 연근 1/3개
* 딸기가루 1작은술 + 물 1컵
* 자색고구마가루 1작은술 + 물 1컵
* 녹차가루 1/2큰술 + 물 1컵
* 간장소스 : 간장 1/4컵, 다시마물 1/4컵, 맛술 1/4컵, 매실청 1/2컵
* 산적꼬치 12개, 포일, 리본

Tip 닭고기는 단백질은 물론 비타민 B_1, B_2, 나이아신, 칼슘 등이 풍부한 식품으로 노약자나 병후 회복기에 필요한 식품입니다. 아랫배를 따뜻하게 해주고 이뇨작용과 레티놀이 많이 함유되어 있습니다.

꼬치는 소고기 등을 꼬치에 꿰어 만든 음식으로, 닭고기를 기본 양념하여 구운 후 간장소스를 발라 구워 연근 모양을 갖출 수 있도록 꼬치에 꿰어 고정시켰습니다. 시각적인 면과 미각적인 면에 정성을 들여 내 · 외국인 모두가 선호하는 메뉴입니다.

구멍이 많아 자르면 모양이 예쁜 연근은 중국에서는 불로식이라고 하여 약재로 사용했다고 합니다. 연근은 플라보노이드 색소를 함유하고 있어 공기 중에 방치하면 변색이 되는데, 플라보노이드 색소는 산에 안정하기 때문에 식초물에 담그거나 데치면 변색을 막을 수 있습니다.

타우린이 풍부한 해산물과 연잎을 함께 넣어 맛과 영양 두 마리 토끼를 잡은

연잎해물파전

(100 kcal/1인분)

연잎해물파전

만드는 방법

01 오징어, 굴, 조갯살은 손질하여 해물 양념장에 재우고, 풋고추와 홍고추는 길쭉하게 채를 썬다.

02 볼에 갈아 놓은 연잎, 부침가루, 달걀흰자, 물 1컵을 넣어 반죽을 한다.

03 파는 꼬치에 꿰어 부침가루를 입힌다.

04 3의 파에 부침가루 반죽을 입혀 식용유를 두른 팬에 올리고 양념한 해산물을 얹어 부친다.

05 달걀노른자와 풋고추, 홍고추로 장식하여 익힌다.

06 익힌 파전을 썰어 담는다.

재료 및 분량 (3인분)

연잎 1/4장, 부침가루 40g, 쪽파 깐 것 40g, 굴 15g, 조갯살 15g, 오징어 1/8마리, 풋고추 1/4개, 홍고추 1/4개, 달걀 1/2개, 식용유 1큰술, 산적꼬치 1개

* 해물 양념장 : 다진 파 1작은술, 마늘 1/2작은술, 깨소금 1/2작은술, 참기름 약간, 후춧가루 약간

Tip 연잎해물파전은 특허 '연잎 추출물 및 타우린을 함유하는 대사성 질환 예방 및 치료용 조성물(등록번호 10-1176435)에 기반한 메뉴로, 항비만 효과가 우수한 연잎과 타우린을 각각 먹는 것보다 함께 섭취 시 더 우수한 효과가 있는 것이 확인되어 타우린이 풍부한 해물을 연잎과 함께 파전형태로 만든 메뉴입니다.

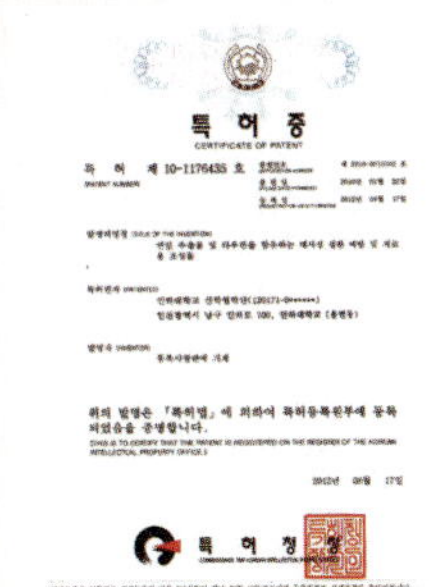
특 허 증

CERTIFICATE OF PATENT

특 허 제 10-1176435 호

특 허 청

다이어트 식품의 일인자 곤약과 불포화지방산이 풍부한 땅콩의 조화

오향땅콩곤약조림 (50 kcal/1인분)

오향땅콩곤약조림

만드는 방법

01 곤약은 썰어 끓는 물에 데쳐 찬물에 헹궈 준비한다.

02 땅콩은 물에 씻은 후 끓는 물에 삶아 떫은맛을 제거한다.

03 냄비에 1의 땅콩을 담고 물 5컵을 부어 곤약, 팔각, 소금, 대파, 생강을 넣어 함께 조린다.

04 생강, 팔각, 대파를 건져내고 국물과 함께 그릇에 담는다.

05 남은 오향땅콩조림은 냉장고에 보관한다.

재료 및 분량 (6인분)

생땅콩 50g, 곤약 50g, 팔각 1개, 소금 1큰술, 대파 1/2뿌리, 생강 1쪽

Tip

글루코만난이 장을 깨끗하게 하여 변비를 예방하는 곤약은 칼로리가 적어 체중을 감량하는 데 매우 효과적이고 혈당을 천천히 증가하게 하여 당뇨병에도 좋은 식품입니다.

땅콩은 단백질과 지방이 풍부한 식품으로 땅콩 속의 불포화지방산인 리놀레산과 아라키돈산과 같은 필수 지방산이 많아 혈관벽의 콜레스테롤을 체외로 배출하는 역할을 하여 고혈압의 원인이 되는 혈청 콜레스테롤 수치를 낮추어 줍니다. 또한 비타민 B_1, B_2, E 등이 풍부하여 두뇌회전에도 좋습니다.

오향은 산초, 정향, 계피, 팔각, 진피를 이용한 것으로, 특히 팔각은 이뇨작용과 복부팽만감이나 구토증상을 완화시켜 주는 작용이 있고 중국에서는 요통, 방광염, 변비의 치료에 사용된다고 합니다.

근육 만들고 몸매 가꾸기에 좋은

닭가슴살무침

(100 kcal/1인분)

만드는 방법

01 끓는 물에 닭가슴살과 마늘, 대파를 넣고 삶아준 후 먹기 좋은 크기로 뜯어줍니다.

02 무와 오이, 피망, 양파는 깨끗이 씻어 채로 썰어 준비합니다.

03 볼에 양념장 재료를 넣고 고루 섞어줍니다.

04 1과 2를 3의 양념장에 넣어 무쳐준 다음 접시에 담아냅니다.

재료 및 분량 (2인분)

닭가슴살 80g, 마늘 1쪽, 대파 3cm
무 70g, 양파 1/8개, 오이 1/3개, 홍피망 1/6개
* 양념장 : 매실청 1큰술, 고추장 1큰술, 간장 1큰술, 식초 1큰술, 고춧가루 1큰술, 맛술 1작은술, 참기름 1작은술

Tip 피부탄력과 성장에 좋은 닭가슴살은 닭 부위 중 지방이 가장 적고 필수아미노산이 풍부합니다. 단백질이 풍부한 닭가슴살과 채소의 비타민이 영양적으로 균형 잡힌 공급원이 됩니다. 미리 조리를 해놓으면 물이 생기고 축 쳐지므로 먹기 직전에 무치게 되면 아삭한 맛을 즐길 수 있습니다.

연잎 떡을 이용한

연떡볶이

(120 kcal/1인분)

연떡볶이

만드는 방법

01 쌀가루를 연잎 생즙과 섞어 김이 오른 찜통에 면포를 깔고 10분 찐 다음 치대어 떡을 만든다.

02 어묵과 양파, 당근은 떡볶기용으로 썰고, 홍고추, 대파는 어슷하게 썬다.

03 양파는 곱게 갈아서 고추장소스 재료와 함께 섞어 놓는다.

04 건멸치, 건다시마, 대파, 물을 냄비에 넣고 끓이다가 끓어오르면 다시마를 먼저 건지고 10분 정도 더 끓인 다음 걸러 밑국물을 낸다.

05 팬에 고추장소스와 육수를 넣고 끓이면서 당근, 양파, 어묵, 홍고추, 연잎떡 순서로 넣어 끓여 맛을 낸다.

재료 및 분량 (4인분)

쌀가루 1컵, 연잎 15g(생즙) 양파 1/4개, 어묵 80g, 당근 30g, 홍고추 1/2개, 대파 1/4뿌리

* 고추장소스 : 고추장 1큰술, 고춧가루 1큰술, 양파 1/2개, 맛술 1큰술, 물엿 2큰술, 간장 1큰술
* 육수 3컵 : 다시마 사방 15cm, 다시멸치 10마리, 대파 1/2뿌리

Tip 심신을 맑고 편안하게 해주는 연잎 생즙을 쌀가루와 섞어 주먹으로 쥐었다가 던져보아 풀어지지 않을 정도가 되었을 때 김이 오른 찜통에 넣어 찌면 적당합니다.
한김 나간 다음 치댈수록 쫄깃한 떡을 만들 수 있습니다.

'검은콩소스'를 곁들인

연근두부샐러드

(100 kcal/1인분)

연근두부샐러드

만드는 방법

01 두부는 먹기 좋은 크기로 썬다.

02 검은콩은 불려 살짝 삶은 후 두유와 함께 블렌더에 곱게 간 후 설탕, 식초, 소금, 간장, 참기름을 넣어 검은콩소스를 만든다.

03 양상추는 뜯어주고, 파프리카와 양파는 사방 2cm로 썰고 치커리는 뜯어 찬물에 담가둔다.

04 연근은 껍질을 벗기고 얇게 썰어 식초물에 데친다.

05 찬물에 담근 재료는 수분을 제거하여 두부와 함께 담고 검은콩소스를 곁들여 낸다. 검은콩소스 대신 파인애플소스를 곁들여도 좋다.

파인애플 소스

파인애플 1쪽, 양파 1/8개, 꽃소금 1/4큰술, 매실청 2큰술, 레몬즙 1/4개, 식초 2큰술, 피클 1/2개

재료 및 분량 (2인분)

생식용 두부 1/3모, 소금 약간
양상추 70g, 치커리(녹색 채소면 OK) 20g, 파프리카 1/4개씩(홍색, 황색), 양파 1/4개, 연근 1/4개

* 검은콩소스 : 불린 검은콩 1/4컵, 두유 1/2컵, 간장 1작은술, 식초 2큰술, 참기름 1/2작은술, 설탕 1큰술, 소금 약간

Tip 검은콩은 신장작용을 원활하게 해주고 지방이 쌓이는 것을 예방해 주어 다이어트에 도움이 됩니다.
다이어트식품으로 사랑받는 두부는 단백질이 풍부해서 육류 대용으로도 손색이 없습니다. 두부만 먹으면 질리기 쉬우므로 다양한 채소와 함께 섞어 먹으면 한 끼 반찬으로 충분하답니다.

'된장소스'를 이용한

토마토샐러드

(100 kcal/1인분)

토마토샐러드

만드는 방법

01 양파는 먹기 좋은 크기로 썰어 찬물에 담가둔다.

02 깨끗하게 씻은 셀러리와 오이는 어슷하게 썬다.

03 노랑과 홍파프리카도 씨를 제거하고 먹기 좋은 크기로 썬다.

04 달구어진 팬에 올리브오일을 두르고 토마토를 살짝 볶아준다.

05 된장소스 재료를 볼에 넣고 섞어준다.

06 토마토, 양파, 셀러리, 파프리카, 오이를 접시에 담고 된장 소스를 곁들인다.

재료 및 분량 (2인분)

방울토마토 8개, 양파 1/3개, 셀러리 1/2줄기, 오이 1/2개, 홍파프리카 1/3개, 노랑 파프리카 1/3개, 올리브오일 1/2작은술

* 된장소스 : 된장 1큰술, 올리고당 1큰술, 식초 1/2큰술, 들기름 1/4작은술, 들깻가루 2/3큰술

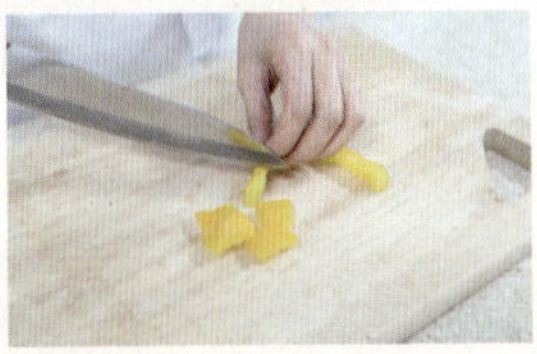

Tip 장의 연동운동을 촉진시켜 소화기를 튼튼하게 해줄 뿐 아니라 식이섬유소가 풍부하여 비만 예방은 물론 변비 예방 및 치료에도 효과적인 된장을 이용한 소스와 식이섬유가 풍부하여 조금만 섭취해도 포만감을 쉽게 느낄 수 있는 방울토마토를 이용한 샐러드입니다.

기를 보하고 신경통, 변비에 효과가 있는 고구마와 단호박의 상큼한 소스와의 만남

단호박고구마샐러드

(100 kcal/1인분)

단호박고구마샐러드

만드는 방법

01 고구마는 껍질을 벗겨 깍두기 모양으로 썬 다음 김이 오른 찜통에 쪄낸다.

02 김이 오른 찜통에 쪄 식힌 단호박은 껍질을 벗기고 깍두기 모양으로 썬다.

03 양파는 굵게 다진 후 소금에 살짝 절여 수분을 뺀다.

04 볼에 플레인요구르트, 생크림, 매실청, 소금, 후춧가루를 넣고 섞어 드레싱을 만든다.

05 식힌 고구마와 단호박, 양파, 드레싱을 볼에 넣고 섞어 준다.

06 접시에 담고 아몬드를 뿌린다.

재료 및 분량 (4인분)

고구마 200g, 단호박 100g, 양파 30g, 슬라이스아몬드 10g

* 드레싱 재료 : 플레인 요구르트 2큰술, 생크림 1큰술, 매실청 1큰술, 소금 약간, 후춧가루 약간

Tip 단호박은 오랜시간 찌게 되면 수분을 많이 흡수하게 되어 질어지게 되니 적당히 찝니다.
단호박은 소화 속도가 느리고 조금만 먹어도 포만감을 주기 때문에 공복감을 덜 느끼게 하여 다이어트에도 좋습니다.

비타민 A와 C가 풍부하여 노화를 예방하는

브로콜리감자샐러드

(100 kcal/1인분)

브로콜리감자샐러드

만드는 방법

01 감자는 껍질을 벗긴 다음 깍두기 모양으로 썰어 끓는 물에 소금을 약간 넣고 5분 정도 삶아 체에 밭쳐 식힌다.

02 브로콜리는 작은 봉우리씩 분리한 다음 끓는 물에 소금, 올리브오일을 넣고 살짝 데쳐 식힌다.

03 양파는 얇게 썰어 찬물에 담가 둔다.

04 볼에 소스재료를 넣고 섞어준다.

05 물기를 제거한 3의 양파와 식힌 감자, 브로콜리를 볼에 담고 4의 소스를 넣어 버무린다.

재료 및 분량 (2인분)

브로콜리 80g, 감자(중) 1개, 양파 1/4개, 소금 1/2큰술, 올리브오일 1작은술

* 소스 : 플레인요구르트 3큰술, 오이피클 2큰술, 매실청 1큰술, 레몬 1/4개

Tip 브로콜리는 꽃으로 이루어진 것으로 색이 진한 초록색이 좋고 노란색은 오래된 것입니다. 꽃이 작고 가지가 많은 것이 좋습니다. 남자들이 브로콜리를 들고 "당신을 평생 건강하게 해주고 싶소, 우리 결혼합시다." 프로포즈해도 좋을 정도로 영양이 좋은 10대 슈퍼푸드에 해당이 됩니다. 소스에 플레인요구르트, 오이피클을 이용하여 담백한 맛을 내고, 설탕 대신 매실청으로 단맛을 냈으며, 레몬즙의 신맛을 사용하여 소금 양도 줄일 수 있는 메뉴입니다.

섬유질이 많아 다이어트에 탁월한 효과가 있는

야콘채소샐러드

(100 kcal/1인분)

야콘채소샐러드

만드는 방법

01 야콘은 깨끗하게 씻어 껍질을 벗겨 편으로 썬 다음 소금물에 담가둔다.

02 치커리는 다듬어 씻은 후 먹기 좋게 뜯어 찬물에 담가 싱싱하게 한다.

03 양배추, 오이, 적채도 편으로 썬 다음 찬물에 담가둔다.

04 홍파프리카는 링으로 썰어 준비한다.

05 따뜻한 물에 갠 겨자는 10분 정도 발효시켜 소스재료를 넣고 섞어준다.

06 준비한 재료의 수분을 제거한 후에 5의 소스를 넣고 버무려 접시에 담는다.

재료 및 분량 (2인분)

야콘 1/4개, 치커리 20g, 오이 1/4개, 홍파프리카 1/4개, 양배추 50g, 적채 30g

* 소스 : 겨자가루 1큰술, 매실청 2큰술, 식초 1.5큰술, 꽃소금 1/2작은술, 간장 약간

Tip 소화속도가 느려 포만감을 오래 지속시켜 주는 야콘은 칼로리가 현저히 낮은 식품으로 식이섬유가 풍부하여 일본이나 미국에서 다이어트 식품으로 애용되고 있습니다.
야콘에 함유된 섬유질은 변비에도 효과적이고 폴리페놀 성분이 콜레스테롤 수치를 낮추어 줍니다. 또한 이눌린 성분이 당뇨에도 좋고 마그네슘 성분이 칼슘을 체내에 흡수가 잘 되도록 도와주어 뼈를 튼튼하게 하므로 골다공증에도 효과가 있습니다.

MEMO 맞춤영양정보

Chapter 07

+ Plus

건강저축은 이를수록 좋다

07 | 건강저축은 이를수록 좋다

- 비만은 예방이 중요하다
- 자주 묻는 질문
- 아름답게 마무리하기

+ 비만은 예방이 중요하다

실천을 위한 단계 new paradigm

- 여러 가지 영양소가 우리 몸에서 균형을 이루도록 골고루 먹습니다.
- 정상체중 유지를 위하여 과식, 결식, 폭식을 피하고 알맞게 먹습니다.
- 생활의 원동력을 위하여 세 끼의 식사를 규칙적으로 천천히 잘 씹으며 즐겁게 대화와 화합의 식사시간을 보냅니다.
- 지방간, 간경변, 간암 등 간질환의 예방을 위하여 식욕을 저하시키고 다른 영양소의 흡수와 이용을 방해하는 알코올의 섭취를 절제합니다.
- 야식을 하지 않습니다.
- 천천히 20분 이상 여유 있게 먹습니다.
- 물은 순수한 수분보충을 위해 식사와 식사 사이에 1컵 정도(차, 기타 음료 등 포함) 씩 마십니다.
- 식사 시 식욕을 가라앉힐 수 있도록 씹어먹는 생채소부터 시작합니다.
- 실천일기를 기록합니다.
- 장보기는 식후에 합니다.
- 아침을 반드시 먹습니다.
- 식후에 낮잠을 자지 않습니다.
- 무리하지 않게 지속적으로 20분 이상 다소 빠르게 걷습니다.
- 저열량 균형식을 합니다.
- 순살코기, 생선, 콩, 두부, 달걀, 저지방 우유 등 양질의 단백질을 끼니마다 적당량 먹습니다.
- 토마토, 당근, 시금치 등의 녹황색 채소와 해조류를 먹습니다.
- 튀긴 음식, 동물성 지방을 피하고, 식물성 기름을 맛이나 포만감을 위해 소량 사용합니다(나물에 사용하는 정도).
- 설탕과 같은 단순당을 피하고, 탄산음료수, 잼의 사용도 피합니다.

- 밥, 국수, 감자 등의 탄수화물은 소량씩 매끼 섭취하고 식이섬유소가 많은 현미, 콩 등의 잡곡을 먹습니다.
- 가공식품을 먹지 않습니다.
- 싱겁게 먹습니다.
- 맵고 짠 음식은 먹지 않습니다.
- 제철 음식으로 골고루 먹습니다.
- Empty foods인 술, 탄산음료수, 빙과류, 사탕, 생크림 등을 피합니다.
- 패스트푸드는 주의하여 먹습니다.

식품선택과 음식조리 시 유의점

먹을수록 좋은 식품(음식)

- 콩, 현미, 율무, 조, 수수 등의 잡곡류
- 해조류, 녹황색 채소 및 열량이 높지 않은 과일(당근, 토마토, 시금치, 풋고추, 호박, 감귤류, 딸기 등), 버섯
- 순살코기, 흰살생선, 조개류, 두부, 저지방 우유, 저지방 치즈, 탈지분유로 만든 무가당 요구르트
- 탕, 국수, 수육, 구이, 찜, 나물음식(비빔밥, 물냉면, 메밀국수, 김밥, 생선구이정식, 설렁탕 등)
- 다듬지 않은 형태의 조개나 생선, 새우, 가재 등(그대로 조리하여 접시에 풍성하게 담아 껍질이나 가시 등을 제거하면서 천천히 먹기)

피해야 할 식품(음식)

- 튀긴 음식(돈가스, 생선가스, 비프스테이크, 어묵, 새우튀김, 채소튀김 등)
- 동물성 기름, 마가린, 버터, 마요네즈
- 설탕, 잼, 꿀, 청량음료, 빙과류
- 가공식품(햄, 소시지, 라면, 젓갈, 토마토케첩, 통조림)

- 중국음식(자장면, 볶음밥, 군만두, 탕수육 등)
- 패스트푸드(피자, 도넛, 프라이드치킨, 감자튀김, 햄버거, 맛탕, 아이스크림, 샌드위치)
- 단 음식(과자, 케이크, 사탕, 초콜릿, 크래커, 젤리, 파이, 호빵, 호떡 등)
- 커피 프림
- 열량이 높은 과일 통조림
- 맵고 짠 음식(김치, 매운탕, 장아찌, 젓갈, 라면 국물, 부대찌개 등)
- 조미료(MSG, 소고기 복합 조미료 등)

비만의 원인이 되는 생활습관

- 먹는 것을 좋아하는 편입니다.
- 먹을 때 빨리 먹습니다.
- 잘 씹지 않고 먹습니다.
- 일이 바빠서 식사를 거를 때가 많습니다.
- 생활습관이 불규칙하여 식사시간도 일정하지 않습니다.
- 배가 부르더라도 꼭 디저트를 먹습니다.
- 다른 식구가 먹을 때 자기도 같이 덩달아 먹게 됩니다.
- 아침 · 점심식사를 간단히 먹고, 저녁식사는 푸짐하게 먹는 습관이 있습니다.
- 중국요리, 양식 등 기름진 음식을 좋아합니다.
- 간식은 반드시 단 것을 먹습니다.
- 하루에 1번은 꼭 외식을 합니다.
- 자극적인 음식을 더 좋아합니다.
- 볶음, 튀김요리를 좋아합니다.
- 인스턴트식품으로 식사를 때우는 경우가 많습니다.
- 잠자기 전에 야식을 먹는 경우가 많습니다.
- 저녁식사를 9시 이후에 하는 경우가 종종 있습니다.

- 편식이 심한 편입니다.
- 주변에 과자 등 군것질거리가 늘 놓여 있습니다.
- 눈앞에 먹을 것이 있으면 언제나 먹습니다.
- 과자류를 잘 먹습니다.
- 불안할 때 먹는 것으로 해소하는 편입니다.
- 휴일에는 방 안에 누워 뒹굽니다.
- 연휴, 여행, 명절 후엔 꼭 체중이 늘어납니다.
- 식후에는 항상 과식했다고 후회합니다.
- 체중조절을 시도한 적이 여러 번 있습니다.

MEMO 맞춤영양정보

✚ 자주 묻는 질문

인터넷 체중조절 상담을 통해 자주 묻고 답한 내용들입니다. 자신의 비만 원인교정을 위한 맞춤 체중조절 전략을 세우는 데 도움이 될 것입니다.

Q 배가 고파 잠이 안 올 때 야식을 먹으면 뚱뚱해지나요?

A 잠자기 직전에 먹는 음식은 소화에도 부담을 주고 활동 에너지로 사용하지 못하므로 그대로 축적되어 비만의 원인이 됩니다. 체중조절을 위해 간단하게 먹겠다고 탄수화물 위주의 밥, 국수, 빵 등의 식사를 하면 소화가 빨리 되어 잠자기 전에 배가 고프게 됩니다. 서양 사람들은 저녁식사로 스테이크 등을 먹는데, 가장 소화시간이 긴 음식이 바로 단백질과 지방이 섞여 있는 육류입니다. 지방은 고열량이므로 피하고 단백질도 소화기간이 오래 걸리므로 저녁을 6~7시경에 살코기, 달걀, 생선, 콩, 두부 등의 단백질 식사로 충실히 먹고 그 이후에 금식을 하면 배도 든든해서 야식도 피하게 됩니다.

낮과 밤이 바뀐 올빼미 생활을 하는 경우에 생활습관을 바꾸어서 야식을 피하고 밤에 숙면을 취하면 건강에도 좋다고 합니다. 부득이하게 밤에 시험공부를 한다든가 야근을 해야 할 경우 음식을 안 먹을 수는 없을 테니 과식은 하지 말고 싱겁고 소화가 잘 되는 음식으로 허기만 가라앉히도록 합니다. 따뜻한 우유, 요구르트, 차 종류, 채소죽(호박죽 등), 부드러운 수프 등 가벼운 유동식 종류가 위에 부담을 덜어 줍니다. 짜고 매운 라면, 가공식품, 국물 등을 많이 먹으면 염도가 높아서 수분 보유량이 늘고 자꾸 살이 불어납니다. 과일은 빈 속에 먹으면 위에 무리를 줄 수 있고 과일에도 흡수속도가 빠른 단순당(설탕, 포도당, 과당)이 많아서 인슐린 분비를 촉진하고 잉여 에너지가 지방으로 축적됩니다. 과일은 식후에 먹으면 충치를 방지하는 효과가 있으므로 입가심하는 정도로 먹어주는 것이 좋습니다.

Q 나이가 들면 저절로 뚱뚱해지나요?

A 실제 나이가 들수록 근육량이 줄어들어 에너지 소모량도 줄게 되므로 같은 양의 식사를 하더라도 살이 더 찌기 쉽습니다. 특히, 중년 이후에 운동부족인 상태가 되면 근육의 전체량과 탄력이 떨어지고 상대적으로 체지방의 비율이 늘게 되므로 흔히 중년의 나잇살이 문제가 되는 것입니다.

게다가, 여성은 여성호르몬의 영향으로 골격이 굵고 근육질인 남성에 비해 체지방 비율이 높습니다. 또한 임신, 출산, 수유 등으로 호르몬의 변화가 나타나서 더욱 체지방 비율이 높아지기 쉽습니다.

중년 이후에 갱년기가 되고 폐경기가 되면 여성호르몬의 감소와 체내 대사의 변화 등으로 고지혈증이 나타나기도 합니다. 또한 최근에는 젊은 여성들이 과도한 다이어트 운동부족 등으로 몸은 마른 상태임에도 불구하고 체지방량이 과다한 마른 비만(thin fat)을 보이고 있습니다.

Q 생식은 과연 안전한가요?

A 최근 간편하게 먹을 수 있는 생식에 우리 몸에 필요한 여러 식품이 골고루 들어 있다는 것은 바람직한 면이고, 음식을 익히지 않고 먹는다는 면에서 위생적인 문제가 있을 수 있습니다. 그리고 가루로 혼합된 형태라 과연 신선하고 믿을 만한 재료를 사용했는지 육안으로 확인할 수가 없습니다. 그러므로 생식에서 가장 문제가 되는 것이 식품안전성(food safety)입니다. 간편성은 뛰어나지만 맛, 모양, 색 등 관능적인 면은 식품으로서 아주 미흡합니다. 또한 엉터리 수입재료와 유통기한 등을 조작한 제품이 시중에 판매되어 식품위생단속에 걸려 언론에 보도되는 경우가 종종 있습니다. 무엇보다도 과장된 광고에 현혹되기보다 신선한 천연 식품을 맛있는 음식으로 섭취하는 균형식이 바람직합니다.

Q 차를 마시면 체중조절에 효과적인가요?

A 식사와 식사 사이에 녹차와 같은 음료를 마셔 주면 식욕도 가라앉히고 수분보충도 되므로 체중조절에 효과가 있습니다. 녹차는 위가 안 좋은 경우 조심해야 하고, 최근에는 농약에 대한 안전성 문제도 제기되고 있습니다. 몸이 찬 경우라면 따뜻하게 발효된 홍차나 인삼차 종류도 괜찮으며, 특히 홍삼은 세계적으로 효능을 인정받은 건강식품으로 체질적으로 모든 사람에게 잘 맞는 식품입니다.

최근 체중조절에 효과가 있다고 하여 수입되는 차 중에는 효능이나 안전성 면에서 검증되지 않은 것이 많아 조심해야 합니다. 특히, 인터넷에 올라오는 광고나 정보는 검증되지 않은 자료가 많으며, 최근에는 지역신문이나 공공매체에 허위광고나 상업적 정보가 기사화되어 현혹하는 사례가 많아지고 있으니 주의하여야 합니다.

Q 생리 시작 전에는 왜 살이 찌는 느낌이 드나요?

A 생리는 난소에서 난자를 배란한 이후에 수정되는 것(임신)에 대비하여 호르몬 변화가 일어나서 몸에 영양분이나 자궁벽의 근육층이 두껍게 되었다가 수정이 되지 않았다는 것을 알면 두꺼워진 자궁벽이 떨어져 나오는 것입니다. 그러므로 살이 찐 것과 같은 부한 느낌을 받으며 실제 임신에 대비해서 호르몬 변화에 따라 식욕, 생체흡수나 이용률 등도 달라질 수 있습니다.

생리 중이라도 가벼운 운동 정도는 해도 됩니다. 조금 몸이 피곤하다고 생각하면 강도를 줄이고 스트레칭 위주로 가볍게, 특히 생리양이 많을 때는 더 조심해서 운동을 하면 됩니다. 가벼운 운동은 생리 중의 부기 등을 조절하는 데 도움이 될 수 있습니다.

생리 중에는 몸이 쉽게 부어 오르므로 수분평형에 중요한 순살코기, 생선, 달걀, 우유, 콩, 두부, 치즈 등의 단백질을 매끼 한 가지씩 적당량 섭취하고 싱겁게 먹으며, 염도가 높은 국물(라면, 찌개, 국 등)음식은 피하는 것이 좋습니다.

Q 체질에 따라 물만 먹어도 뚱뚱해질 수 있나요?

A 물만 먹어도 체중이 불어나는 경우는 신장이나 몸의 수분평형이 안 좋아서 잘 붓는 사람일 수 있습니다. 살이 잘 안 찌는 사람은 신경이 예민하거나 몸에 열이 많아 에너지 소모량이 많거나 소화흡수가 덜 되는 경우입니다. 물론 약간의 체질적 차이는 있을 수 있겠지만 올바른 식습관과 생활습관으로 관리하면 모두 건강체중을 유지할 수 있습니다. 체중조절도 습관입니다. 상대적으로 남들보다 살이 덜 찌는 유전적인 체질이 있을 수 있으나 환경적으로 살찌는 고열량 식품, 운동부족 등에 무한히 노출된다면 살이 찔 수 있습니다. 즉, 체지방량의 최저치는 유전에 의해 결정되지만 최대치는 환경적 요인에 의한 식행동의 변화에 영향을 받는다고 할 수 있습니다.

수분평형이 잘 되지 않는 체질인 경우에는 보통 신장이 안 좋은 편이므로 물살이 붙었다 빠졌다 하여 체중변화가 심하게 나타날 수 있습니다. 이런 경우는 체지방량과 체수분량을 초정밀 체조성 측정기로 측정하여 부종 여부를 진단받은 후 전문가의 치료를 받는 것이 좋습니다. 가능한 과식을 피하고 싱겁게 식사를 하며, 순살코기, 달걀, 우유, 생선, 콩, 두부 등의 단백질을 충실하게 적당량 챙겨 먹으면서 운동을 생활화하여 근육량도 늘리고 부종도 방지하는 것이 바람직합니다.

실제 아주 소량의 음식을 먹고 움직이는 것을 싫어하는 생활을 하다 보면, 근육량이 줄어들고 적은 에너지 섭취량에 대한 비상사태로 적응현상이 나타나 생명유지에 필요한 기초대사 에너지도 최소한으로 소모하고 더 많이 지방으로 에너지를 축적하려 하므로 살이 찌는 경우도 있습니다.

Q 체중조절을 하면 피부가 까칠해지나요?

A 음식을 소식하면 수분섭취도 줄어 의도적으로 물을 자주 마셔 주어야 합니다. 하루에 물 6~8컵을 마시는 것이 바람직하며, 세 끼 식사를 충실히 하면 아침 식전에 1컵, 식사와 식사 사이에 1컵씩, 저녁식사 후 잠자기 전에 1컵 정도면 됩니다. 그러나 식사(균형식)를 소식하게 되면 중간 중간에 물은 여유 있게(물 대신 차나 요구르트, 우유, 저열량 천연음료도 괜찮습니다) 마시고 건조한 계절에는 보습 화장품을 피부에 넉넉히 바르고 외출하는 것이 좋습니다. 필수지방산이 부족하면 모발이나 피부가 까칠해질 수 있으므로 식물성 기름을 이용한 나물이나 전 등을 약간씩 챙겨 먹도록 하고 비타민 A가 풍부한 당근, 토마토, 호박 등의 녹황색 채소 등도 챙겨 먹도록 합니다.

영양학적 측면에서 우선 피부가 좋아지려면 가능한 가공식품(화학적 방부제 등 식품첨가물이 들어 있는 식품이나 라면, 과자, 통조림, 즉석식품, 냉동식품 등 공장에서 만들어 파는 제품들)의 사용을 줄이고 자극성이 적은 비누로 세안을 깨끗이 해주며, 너무 기름진 음식의 섭취를 자제하는 것이 좋습니다. 채소, 과일 등 식이섬유소, β-카로틴, 비타민 C 등이 풍부한 천연식품을 섭취하면 피부가 매끄럽고 건강해집니다. 피부가 매끄럽고 건강해지며 미백효과나 피지분비도 좋게 합니다. 또 운동을 생활화하여 혈액순환을 원활히 하고, 땀 등으로 모공 깊숙이 있는 노폐물 등을 빠져 나오게 하면 여드름 방지나 피부 건강에도 매우 좋습니다.

Q 체중조절을 하면서 백혈구 수치가 낮아졌다고 하는데요?

A 우선 백혈구 수치가 낮으면 면역기능이 낮아지므로 균에 의해 감염이 되지 않도록 조심해야 합니다. 다이어트 중에 양질의 단백질을 충분히 보충하지 않으면 생체 내의 중요한 생물학적 기능을 담당하는 효소, 호르몬, 항체 등이 제대로 합성되지 못해 신체기능이 저하될 수 있습니다. 다이어트는 음식을 안 먹는 것이 아니라 적은 양을 건강증진에 필수적인 영양소로 선택해서 잘 먹는 것입니다. 순살코기, 생선, 달걀, 우유, 콩, 두부 등의 단백질 식품을 잘 챙겨먹고 스트레스를 받지 않도록 늘 마음을 편하게 가져야 면역기능이 유지될 수 있습니다.

양질의 단백질 식품 외에 신선한 채소, 저열량 과일, 해조류, 버섯 등을 골고루 섭취하는 저지방 균형식이 바로 건강식입니다.

Q 끼니를 걸러서 한꺼번에 먹으면 뚱뚱해지나요?

A 실제로 오랫동안 하루 두 끼를 먹었던 사람이 세 끼를 먹었던 사람보다 체중이 많이 나간다는 보고가 있습니다. 음식을 먹고 소화 · 흡수를 하는 것도 에너지를 소모하는 운동이므로 같은 열량을 취하고 소화운동을 2번 한 것과 3번 한 것은 에너지 평형에 영향을 주어서 소화운동을 적게 한두 끼 식사를 한 경우가 더 살이 찌게 됩니다. 결식을 하며 불규칙하게 먹는 경우 언제 음식이 다시 들어올지 불확실하므로 우리 몸이 생명유지에 필요한 기초대사 에너지 소비를 최소한으로 줄이고 소화흡수율과 에너지 비축을 높이는 방향으로 적응현상이 나타나게 됩니다. 그러므로 동일한 열량을 한 끼에 폭식하는 것보다 세 끼로 나누어 먹는 것이 살이 덜 찝니다. 음식은 채소, 과일, 순살코기, 생선, 두부, 달걀, 우유 등과 같이 단백질, 비타민, 무기질이 풍부한 저열량 균형식으로 규칙적으로 세 끼 식사를 약간 부족한 듯하게 먹는 것이 체중조절을 위해 이상적이지만, 부득이 음식만 보면 배가 부를 때까지 먹어야 만족하는 사람의 경우에는 아침과 늦은 점심 또는 아침과 이른 저녁 등으로 끼니를 줄이고 사이에 열량이 거의 없는 차 종류, 체중조절용 식이섬유 조제식 등으로 만복감을 주는 것도 괜찮습니다.

Q 굶으면서 체중조절하다가 폭식을 하면 어떤 문제가 생길 수 있을까요?

A 굶는 방식으로 살을 빼면 장이 굶는 것에 적응이 되어 있으므로 한꺼번에 많은 음식을 받아들이지 못해 설사 등의 장 문제를 일으킬 수 있습니다. 일단 체중이 줄어 있고 음식도 적게 들어온 상태였다면 적응현상으로 소화흡수율도 늘어나고 체내 보유량도 늘려서 살이 찌게 될 수 있습니다.

Q 고기만으로 체중조절을 하면 건강에 해로운가요?

A 육류는 양질의 단백질과 철분을 공급해 주지만 사실상 육류에는 비만이 되기 쉬운 지방이 많이 함유되어 있습니다. 지방을 제거한 순살코기일지라도 많이 자주 먹으면 신장에 부담을 주게 됩니다. 탄력 있는 근육생성과 수분평형을 위해서는 순살코기, 생선, 달걀, 우유, 콩 등과 같은 양질의 단백질을 매끼 적당량 먹는 것이 좋으며, 체중조절 시에도 뇌와 신경조직에 필수적인 포도당 생성의 전구체로 분해되는 근육의 보충을 위해서도 단백질의 충분한 공급이 필요합니다. 그러나 고기만으로 다이어트를 하는 것(ketogenic diet)은 체중감량 면에서나 건강 면에서도 바람직하지 않습니다.

저열량 균형식(저지방, 저설탕, 고식이섬유 함유 복합 탄수화물, 양질의 단백질, 비타민, 무기질이 풍부한 채소, 저열량 과일, 충분한 수분보충)이 건강증진에 바람직한 식이요법입니다. 실천일기에 스스로 먹은 음식을 상세히 기록하고 저열량 균형식의 원칙에 적합한 식품을 선택했었는지를 체크하여 올바른 식품 선택의 계획과 실천을 통해 행동수정이 되도록 노력합시다.

Q 저녁을 굶으면 체중조절에 효과적인가요?

A 이상적인 식사는 세 끼의 식사를 규칙적으로 적당량 먹는 것이지만 음식을 보면 배가 부르게 먹어야 하는 사람은 먹는 횟수를 줄일 수도 있습니다. 아침과 점심은 활동을 위해 반드시 잘 챙겨 먹는다는 전제하에서 저녁을 안 먹는 것이 편하다면 그렇게 해도 됩니다. 채소로 수분과 식이섬유를 공급해서 포만감을 주는 것도 괜찮습니다. 점심모임에서 뷔페 등으로 과식을 한 경우에는 한시적으로 저녁을 가볍게 조절할 수도 있으나, 무리하게 굶거나 저녁을 건너뛰고 야식이나 폭식하는 상황이 발생하는 것은 조심해야 합니다. 체중조절도 습관입니다. 그러므로 단기간의 가시적 효과보다는 평생 안전한 맞춤습관을 세우는 지혜가 요구되며, 매일 매일 규칙적으로 세 끼를 알맞게 먹는 습관이 가장 바람직합니다.

MEMO 맞춤영양정보

✚ 아름답게 마무리하기

대학생의 건강관리

학생시절에 건강생활습관을 익히는 것은 평생 동안 건강관리를 위해서도 매우 중요합니다.

- 청결을 생활화합니다.
- 예방접종과 건강진단은 때를 맞추어 받습니다 : 대학생에게 권장되는 검진항목인 신장, 체중, 비만도, 혈압 등은 매년 측정하고 기생충 검사, B형 간염 항원/항체 검사, 빈혈 검사, 흉부 X-선(결핵) 검사, 콜레스테롤 검사, 당뇨병 검사를 받습니다. 최근에 가정이나 학교 등에서 정신적 충격이나 스트레스를 크게 받은 경우에는 심리상담이 필요합니다.

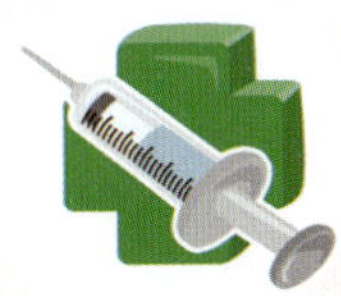

- 음주와 약물복용을 유의하고 금연합니다.
- 공공질서를 지키고 안전사고를 예방합니다.
- 아껴 쓰고 적게 버려 건강한 환경을 만듭니다.
- 충치를 예방합니다 : 충치를 예방하려면 식사 후 3분 이내에 이를 닦는 게 효과적입니다. 단 음식이나 끈적끈적한 음식은 피하고, 불소를 도포하거나 불소가 든 치약 등을 사용합니다. 이제 스케일링도 보험이 적용되어 저렴한 가격으로 받을 수 있으므로 1년에 한 번씩 스케일링을 통해 치태와 치석을 제거합니다.

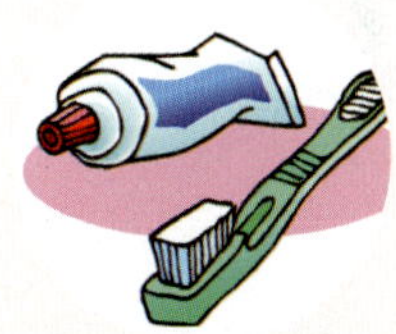

마무리 명상

늘 조심하기 위한 명상

우리는 길어야 100년을 살다가 떠납니다.

순간 순간 우리에게 유혹도 불의의 사고도 있을 수 있습니다.

진흙탕에 한 발이 빠지면 나머지 한 발도 같이
빠져 들어가게 됩니다.

한 순간 우리의 모든 것이
수포가 되어 고통의 바다에 빠지지 않도록
한걸음 한걸음… 조심해야겠지요.

늘 말조심, 사람조심, 몸조심, 마음단속을 잘해서
어떤 환경에도 물들지 않는 청정한 나를 지켜갑시다.

바른 말, 바른 행동, 바른 생각, 바른 노력으로
고통을 여의고 언제 어디서나 내가 있는 곳이
바로 맑고 밝은 세상이기를 기도해 봅시다.

약속 지키기를 위한 명상

스스로 약속을 하고 그것을 지키려고 노력하는 것은
참으로 아름답습니다.

언뜻 생각하면 약속은 구속 같지만 그 약속을 꼬박꼬박 지키면
자유라는 큰 기쁨을 누리고 있음을 느낄 수 있습니다.

소중한 음식과의 약속을 지키면 건강을 돌려줍니다.

소중한 음식과의 약속을 지키지 못하고 굶고 마구 먹고 함부로
버리고 한다면 질병과 환경오염으로 자유를 잃게 됩니다.

참된 기쁨을 얻기 위해 약속을 충실히 지키는
멋진(promising) 나의 미래를 만들어 갑시다.

희망을 위한 명상

어느 역경에서나 희망의 빛을 볼 수 있는 사람은
반드시 그 어려움을 이겨낼 수 있습니다.

어두운 곳에서 좀 더 밝은 곳으로
한 걸음 한 걸음 나아가는 것이 바로 희망입니다.

우리가 명상을 통해 밝은 빛으로 인하의 횃불을 켜고…
그 횃불은 나누어 주어도 줄지 않는
우리의 영원한 희망인 것입니다.

먼 훗날 우리가 잠시 머물던 이곳을 떠나게 될 때도
희망의 빛을 따라 아름다운 우주를 자유롭게 여행할 수 있도록
날마다 명상을 통해
온 우주를 밝힐 수 있을 만큼
무량한 빛의 희망을 키웁시다.

큰 희망 큰 빛 속에 우리는 한마음입니다.

음식을 사랑하는 사람은 건강을 보답받게 됩니다. 음식을 함부로 마구 먹고 굶으며 씹지도 않고 접시에 차리지 않고 냄비째 마구 우리 몸에 쏟아 넣는다면, 음식은 우리에게 비만과 같은 질병을 가져다줍니다. 그러나 음식을 소중히 여기고 먹는 시간도 잘 지켜주며, 공들여 풍성하게 보이도록 담고 천천히 즐겁게 먹으려고 노력한다면 음식은 우리에게 건강으로 보답합니다. 또한 우리 몸은 건강행동을 모두 기억하여 저축하므로, 건강저축을 일찍 시작하는 것이 좋습니다. 건강 100세 시대에 여러분 모두 건강하게 100세를 맞이하여 백살왕자, 백살공주가 되기를 바랍니다.

MEMO 맞춤영양정보

Appendix
부록

나의 체중 변화 기록표
건강한 체중조절을 위한 실천일기
1인 1회 섭취분량별 식품의 영양가
1인 1회 섭취분량별 음식의 영양가
2015 한국인 영양소 섭취기준
활동 및 운동의 에너지 소모량

나의 체중 변화 기록표

(kg)	1주	2주	3주	4주	5주	6주	7주	8주
+5								
+4								
+3								
+2								
+1								
0								
-1								
-2								
-3								
-4								
-5								
-6								
-7								
-8								
-9								
-10								

나의 체중 변화 기록표

(kg)	9주	10주	11주	12주	13주	14주	15주	16주
+5								
+4								
+3								
+2								
+1								
0								
-1								
-2								
-3								
-4								
-5								
-6								
-7								
-8								
-9								
-10								

건강한 체중조절을 위한 실천일기

1주

맞춤영양을 위한 실천정보
(사랑하는 나와의 약속)

식사일기					운동일기		
날짜	식사시간	섭취 장소	식품명, 양, 열량	식후 기분	운동 내용	운동 시간	소모량
/	아침 (7시20~ 30분)	집	식빵 1쪽 딸기잼 1숟가락, 우유 1잔 (125 kcal)	배부름	운동장 3바퀴 걷기	30분	

식사일기					운동일기		
날짜	식사시간	섭취 장소	식품명, 양, 열량	식후 기분	운동 내용	운동 시간	소모량

한 주간 나와의 약속 돌아보기
(사랑하는 나를 격려하는 글)

2주

맞춤영양을 위한 실천정보
(사랑하는 나와의 약속)

식사일기					운동일기		
날짜	식사시간	섭취 장소	식품명, 양, 열량	식후 기분	운동 내용	운동 시간	소모량

식사일기					운동일기		
날짜	식사시간	섭취 장소	식품명, 양, 열량	식후 기분	운동 내용	운동 시간	소모량

한 주간 나와의 약속 돌아보기
(사랑하는 나를 격려하는 글)

3주

맞춤영양을 위한 실천정보
(사랑하는 나와의 약속)

식사일기					운동일기		
날짜	식사시간	섭취 장소	식품명, 양, 열량	식후 기분	운동 내용	운동 시간	소모량

식사일기					운동일기		
날짜	식사시간	섭취 장소	식품명, 양, 열량	식후 기분	운동 내용	운동 시간	소모량

한 주간 나와의 약속 돌아보기
(사랑하는 나를 격려하는 글)

4주

맞춤영양을 위한 실천정보
(사랑하는 나와의 약속)

식사일기					운동일기		
날짜	식사시간	섭취 장소	식품명, 양, 열량	식후 기분	운동 내용	운동 시간	소모량

식사일기					운동일기		
날짜	식사시간	섭취 장소	식품명, 양, 열량	식후 기분	운동 내용	운동 시간	소모량

한 주간 나와의 약속 돌아보기
(사랑하는 나를 격려하는 글)

5주

맞춤영양을 위한 실천정보
(사랑하는 나와의 약속)

식사일기					운동일기		
날짜	식사시간	섭취 장소	식품명, 양, 열량	식후 기분	운동 내용	운동 시간	소모량

식사일기					운동일기		
날짜	식사시간	섭취 장소	식품명, 양, 열량	식후 기분	운동 내용	운동 시간	소모량

한 주간 나와의 약속 돌아보기
(사랑하는 나를 격려하는 글)

6주

맞춤영양을 위한 실천정보
(사랑하는 나와의 약속)

식사일기					운동일기		
날짜	식사시간	섭취 장소	식품명, 양, 열량	식후 기분	운동 내용	운동 시간	소모량

식사일기					운동일기		
날짜	식사시간	섭취 장소	식품명, 양, 열량	식후 기분	운동 내용	운동 시간	소모량

한 주간 나와의 약속 돌아보기
(사랑하는 나를 격려하는 글)

7주

맞춤영양을 위한 실천정보
(사랑하는 나와의 약속)

식사일기					운동일기		
날짜	식사시간	섭취 장소	식품명, 양, 열량	식후 기분	운동 내용	운동 시간	소모량

식사일기					운동일기		
날짜	식사시간	섭취 장소	식품명, 양, 열량	식후 기분	운동 내용	운동 시간	소모량

한 주간 나와의 약속 돌아보기
(사랑하는 나를 격려하는 글)

8주

맞춤영양을 위한 실천정보
(사랑하는 나와의 약속)

식사일기					운동일기		
날짜	식사시간	섭취 장소	식품명, 양, 열량	식후 기분	운동 내용	운동 시간	소모량

식사일기					운동일기		
날짜	식사시간	섭취 장소	식품명, 양, 열량	식후 기분	운동 내용	운동 시간	소모량

한 주간 나와의 약속 돌아보기
(사랑하는 나를 격려하는 글)

9주

맞춤영양을 위한 실천정보
(사랑하는 나와의 약속)

식사일기					운동일기		
날짜	식사시간	섭취 장소	식품명, 양, 열량	식후 기분	운동 내용	운동 시간	소모량

식사일기					운동일기		
날짜	식사시간	섭취 장소	식품명, 양, 열량	식후 기분	운동 내용	운동 시간	소모량

한 주간 나와의 약속 돌아보기
(사랑하는 나를 격려하는 글)

10주

맞춤영양을 위한 실천정보
(사랑하는 나와의 약속)

식사일기					운동일기		
날짜	식사시간	섭취 장소	식품명, 양, 열량	식후 기분	운동 내용	운동 시간	소모량

식사일기					운동일기		
날짜	식사시간	섭취 장소	식품명, 양, 열량	식후 기분	운동 내용	운동 시간	소모량

한 주간 나와의 약속 돌아보기
(사랑하는 나를 격려하는 글)

11주

맞춤영양을 위한 실천정보
(사랑하는 나와의 약속)

식사일기					운동일기		
날짜	식사시간	섭취 장소	식품명, 양, 열량	식후 기분	운동 내용	운동 시간	소모량

식사일기					운동일기		
날짜	식사시간	섭취 장소	식품명, 양, 열량	식후 기분	운동 내용	운동 시간	소모량

한 주간 나와의 약속 돌아보기
(사랑하는 나를 격려하는 글)

12주

맞춤영양을 위한 실천정보
(사랑하는 나와의 약속)

식사일기					운동일기		
날짜	식사시간	섭취 장소	식품명, 양, 열량	식후 기분	운동 내용	운동 시간	소모량

식사일기					운동일기		
날짜	식사시간	섭취 장소	식품명, 양, 열량	식후 기분	운동 내용	운동 시간	소모량

한 주간 나와의 약속 돌아보기
(사랑하는 나를 격려하는 글)

13주

맞춤영양을 위한 실천정보
(사랑하는 나와의 약속)

식사일기					운동일기		
날짜	식사시간	섭취 장소	식품명, 양, 열량	식후 기분	운동 내용	운동 시간	소모량

식사일기					운동일기		
날짜	식사시간	섭취 장소	식품명, 양, 열량	식후 기분	운동 내용	운동 시간	소모량

한 주간 나와의 약속 돌아보기
(사랑하는 나를 격려하는 글)

14주

맞춤영양을 위한 실천정보
(사랑하는 나와의 약속)

식사일기					운동일기		
날짜	식사시간	섭취 장소	식품명, 양, 열량	식후 기분	운동 내용	운동 시간	소모량

식사일기					운동일기		
날짜	식사시간	섭취 장소	식품명, 양, 열량	식후 기분	운동 내용	운동 시간	소모량

한 주간 나와의 약속 돌아보기
(사랑하는 나를 격려하는 글)

15주

맞춤영양을 위한 실천정보
(사랑하는 나와의 약속)

식사일기					운동일기		
날짜	식사시간	섭취 장소	식품명, 양, 열량	식후 기분	운동 내용	운동 시간	소모량

식사일기					운동일기		
날짜	식사시간	섭취 장소	식품명, 양, 열량	식후 기분	운동 내용	운동 시간	소모량

한 주간 나와의 약속 돌아보기
(사랑하는 나를 격려하는 글)

16주

맞춤영양을 위한 실천정보
(사랑하는 나와의 약속)

식사일기					운동일기		
날짜	식사시간	섭취 장소	식품명, 양, 열량	식후 기분	운동 내용	운동 시간	소모량

식사일기					운동일기		
날짜	식사시간	섭취 장소	식품명, 양, 열량	식후 기분	운동 내용	운동 시간	소모량

한 주간 나와의 약속 돌아보기
(사랑하는 나를 격려하는 글)

1인 1회 섭취분량별 식품의 영양가

곡류 및 그 제품

곡식류

식품의 종류	1인 1회 섭취 분량(g)	에너지 (kcal)	탄수 화물(g)	단백질 (g)	지질(g)	콜레스 테롤 (mg)	식이 섬유(g)	칼슘 (mg)	철분 (mg)	나트륨 (mg)	비타민 A (μgRE)	비타민 B_2 (mg)	비타민 C
기장	5	18	3.7	0.6	0.1	0	0.1	0.8	0.1	0.3	0	0.005	0
밀가루(중력분)	35	130	25.9	4.0	0.4	0	0	10.9	0.5	6.7	0	0.01	0
보리	10	33	7.1	1.1	0.2	0	2.0	4.3	0.5	0.3	0.	0.01	0
백미	75	272	59.6	4.8	0.3	0	0	5.3	1.0	6.0	0.8	0.01	0
시리얼	25	97	21.8	1.4	0.4	0	0.4	0.8	0.8	164.8	125.8	0.25	12.8
옥수수(마른 것)	4	15	3.0	0.5	0.2	0	0	0.3	0.1	0.1	1.4	0.01	0.2
현미	30	106	22.9	2.7	0.3	0	0	3.0	0.5	3.6	0	0.02	0
흑미	20	75	15.0	1.8	0.6	0	0.8	3.0	0.3	1.0	0	0.03	0

면 류

식품의 종류	1인 1회 섭취 분량(g)	에너지 (kcal)	탄수 화물(g)	단백질 (g)	지질(g)	콜레스 테롤 (mg)	식이 섬유(g)	칼슘 (mg)	철분 (mg)	나트륨 (mg)	비타민 A (μgRE)	비타민 B_2 (mg)	비타민 C
밀국수(생것)	180	497	110.5	13.1	0.2	0	4.9	12.6	1.3	1841.4	5.4	0.11	0
중국국수(생것)	110	309	61.3	9.5	1.3	0	0	23.1	0.6	451.0	0	0.02	0
칼국수(생것)	175	257	51.8	6.1	1.8	0	11.4	12.3	2.1	1550.5	0	0.02	0

떡 류

식품의 종류	1인 1회 섭취 분량(g)	에너지 (kcal)	탄수 화물(g)	단백질 (g)	지질(g)	콜레스 테롤 (mg)	식이 섬유(g)	칼슘 (mg)	철분 (mg)	나트륨 (mg)	비타민 A (μgRE)	비타민 B_2 (mg)	비타민 C
가래떡	85	184	40.4	3.2	0.3	0	0.5	5.1	1.4	218.4	0	0	0
백설기	80	190	42.0	2.9	0.3	0	0.5	5.6	1.1	231.2	0	0	0.8
시루떡	100	217	47.5	5.5	0.6	0	4.4	18.0	6.3	278.0	7.0	0.08	0
인절미	55	122	25.0	3.1	1.0	0	1.3	9.9	3.2	187.6	0	0.02	0
절편	60	121	26.3	2.2	0.2	0	0.2	6.0	1.5	159.6	1.8	0	0.6
찹쌀떡	15	42	9.8	0.5	미량	0	0.2	1.8	0.5	33.9	0	0	0

빵 과자류

식품의 종류	1인 1회 섭취 분량(g)	에너지 (kcal)	탄수화물(g)	단백질 (g)	지질(g)	콜레스테롤 (mg)	식이 섬유(g)	칼슘 (mg)	철분 (mg)	나트륨 (mg)	비타민 A (μgRE)	비타민 B_2 (mg)	비타민 C
감자칩	20	113	10.5	1.1	7.4	0	0.8	3.4	0.4	51.8	0.4	0.04	4.2
곰보빵 (소보로)	40	192	22.6	3.5	5.3	-	1.8	14.4	0.3	92.4	11.6	0.02	0
도넛	45	192	18.3	3.3	11.7	10.8	0	12.6	0.5	162.0	6.3	0.05	0
모카빵	60	220	34.7	5.2	6.7	-	0	19.8	0.5	177.0	9.0	0.06	0
버터쿠키	20	93	13.8	1.2	3.8	23.4	0.6	5.8	0.4	47.8	33.6	0.01	0
샌드위치	145	338	25.8	15.5	19.3	38.1	0	223.3	2.9	799.0	200.1	0.6	1.5
생크림케이크	100	249	32.2	2.9	12.1	116.8	0	25.0	0.5	94.0	35.0	0.06	0
식빵	45	128	23.0	3.7	2.3	0	1.6	9.9	0.3	29.7	0.9	0.02	0
스낵과자	6	29	4.1	0.4	1.2	0	0	1.3	미량	42.6	0	미량	0
우유식빵	40	114	19.5	3.6	2.4	0	0	12.8	0.6	173.6	0	0.03	0
초코파이	35	154	22.3	1.5	6.6	0	0.7	20.3	0.5	73.2	0	0.01	0
초콜릿케이크	70	317	28.1	3.3	21.3	29.4	0	28.7	0.5	90.3	54.6	0.07	0
팝콘	10	54	5.8	0.8	3.1	0	0.9	1.0	0.2	78.4	0.2	미량	0
팥빵	60	177	31.5	4.6	3.7	0	2.8	18.6	0.8	100.8	7.8	0.04	0
피자	50	138	12.6	5.7	7.2	14.0	1.1	76.0	0.7	277.5	36.5	0.12	1.5
카스텔라	60	194	33.1	4.0	5.1	96.0	1.1	26.4	0.7	63.0	36.0	0.05	0
크림빵	85	234	38.7	5.1	6.5	110.5	0	34.0	0.8	136.0	17.0	0.08	0
호빵(팥)	100	244	51.6	7.3	0.9	0	0	56.0	0.9	222.0	0	0.04	0
햄버거	165	500	49.3	24.9	22.9	54.5	1.6	315.1	4.5	971.8	0	0.5	0

출처 : 농촌진흥청(2013), 1회 분량으로 보는 소비자가 알기 쉬운 식품영양가표.

감자 · 전분류

감자류

식품의 종류	1인 1회 섭취 분량(g)	에너지 (kcal)	탄수 화물(g)	단백질 (g)	지질(g)	콜레스테롤 (mg)	식이 섬유(g)	칼슘 (mg)	철분 (mg)	나트륨 (mg)	비타민 A (μgRE)	비타민 B_2 (mg)	비타민 C
감자	85	54	11.8	2.0	0	0	0.6	11.9	1.2	17.9	0.9	0.03	6.8
고구마	75	98	23.4	1.0	0.2	0	1.9	18.0	0.4	11.3	14.3	0.04	18.8

전분류

식품의 종류	1인 1회 섭취 분량(g)	에너지 (kcal)	탄수 화물(g)	단백질 (g)	지질(g)	콜레스테롤 (mg)	식이 섬유(g)	칼슘 (mg)	철분 (mg)	나트륨 (mg)	비타민 A (μgRE)	비타민 B_2 (mg)	비타민 C
당면(마른 것)	15	52	12.9	0	미량	0	0.2	7.1	0.4	0.6	0	0	0
도토리묵	70	30	7.1	0.1	0.1	0	0.8	4.2	0.3	38.5	0	0.01	0
전분(감자)	4	13	3.3	0	0	0	0	0.9	1.6	0.1	0.2	0	0
전분(옥수수)	4	14	3.4	0	0	0	0	2.5	0.1	0.1	0	0	0

출처 : 농촌진흥청(2013), 1회 분량으로 보는 소비자가 알기 쉬운 식품영양가표.

당류 및 그 제품

당 류

식품의 종류	1인 1회 섭취 분량(g)	에너지 (kcal)	탄수 화물(g)	단백질 (g)	지질(g)	콜레스테롤 (mg)	식이 섬유(g)	칼슘 (mg)	철분 (mg)	나트륨 (mg)	비타민 A (μgRE)	비타민 B_2 (mg)	비타민 C
꿀	6	18	4.8	0	0	0	0	0.1	미량	0.4	0	0	0.2
물엿	2	6	1.5	0	0	0	0	0	0	0	0	0	0
사탕	7	27	6.9	0	0	0	0	0.1	0	0.1	0	0	0
설탕	2	8	2.0	0	0	0	0	0.1	0	0	0	0	0
초콜릿	10	57	5.2	0.8	3.7	2.3	0.2	19.8	0.3	9.0	3.0	0.02	0

출처 : 농촌진흥청(2013), 1회 분량으로 보는 소비자가 알기 쉬운 식품영양가표.

두류

식품의 종류	1인 1회 섭취 분량(g)	에너지 (kcal)	탄수 화물(g)	단백질 (g)	지질(g)	콜레스 테롤 (mg)	식이 섬유(g)	칼슘 (mg)	철분 (mg)	나트륨 (mg)	비타민 A (μgRE)	비타민 B_2 (mg)	비타민 C
강낭콩	5	8	1.5	0.5	0.1	0	1.2	3.1	0.2	0.3	0	0.01	0.2
검은콩(마른 것)	7	29	2.2	2.5	1.3	0	0	15.4	0.5	0.1	0	0.02	0
녹두(마른 것)	5	18	3.1	1.1	0.1	0	0.4	5.0	0.3	0.1	0.6	0.01	0
대두(마른 것)	7	29	2.1	2.5	1.2	0	0	17.1	0.5	0.1	0	0.02	0
두부	45	40	0.4	3.4	2.7	0	2.0	19.8	0.6	1.8	0	0.02	0
두유	190	133	8.9	8.4	6.8	0	2.8	32.3	1.3	256.5	0	0.08	0
서리태(마른 것)	7	29	2.1	2.4	1.3	0	1.8	15.7	0.5	0.3	0	0.02	0
순두부	90	50	0.6	5.2	2.8	0	0.3	36.0	0.8	5.4	0	0.02	0
완두콩	5	4	0.7	0.3	0	0	0.3	1.3	0.1	0.6	0.1	미량	0.6
유부	20	76	0.8	4.1	6.2	0	0	59.0	0.9	3.4	0	미량	0
쥐눈이콩(생것)	3	11	1.2	1.2	0.2	0	0	4.8	0.2	0.1	0	0.02	0

출처 : 농촌진흥청(2013), 1회 분량으로 보는 소비자가 알기 쉬운 식품영양가표.

견과 · 종실류

식품의 종류	1인 1회 섭취 분량(g)	에너지 (kcal)	탄수화물(g)	단백질 (g)	지질(g)	콜레스테롤 (mg)	식이섬유(g)	칼슘 (mg)	철분 (mg)	나트륨 (mg)	비타민 A (μgRE)	비타민 B_2 (mg)	비타민 C
들깨	2	12	0.4	0.4	1.0	0	0	21.3	0.2	0	0	미량	0
땅콩(볶은 것)	5	29	1.1	1.3	2.4	0	0	2.6	0.1	0.2	0	미량	0
밤	35	58	13.0	1.1	0.2	0	1.2	9.8	0.6	0.7	2.8	0.03	4.2
아몬드	6	36	1.2	1.1	3.3	0	0.6	13.8	0.3	0.2	0.1	0.06	0
은행	3	6	1.1	0.2	0.1	0	0.1	0.2	미량	0.2	0.4	미량	0.4
잣	1	6	0.2	0.2	0.6	0	0	0.2	0.1	0.1	0	0	0
참깨	1	6	0.2	0.2	0.5	0	0	11.5	0.1	0	0	미량	0
해바라기씨	1	6	0.2	0.2	0.5	0	0.1	0.8	0.1	0.1	0.1	미량	0
호두	10	66	1.3	1.5	6.7	0	1.5	9.2	0.2	0.5	0.4	0.01	0
호박씨	1	6	0.1	0.3	0.5	0	0	0.5	0.1	0.1	0.1	미량	0

출처 : 농촌진흥청(2013), 1회 분량으로 보는 소비자가 알기 쉬운 식품영양가표.

채소류

식품의 종류	1인 1회 섭취 분량(g)	에너지 (kcal)	탄수화물(g)	단백질 (g)	지질(g)	콜레스테롤 (mg)	식이섬유(g)	칼슘 (mg)	철분 (mg)	나트륨 (mg)	비타민 A (μgRE)	비타민 B_2 (mg)	비타민 C
가지	30	5	1.2	0.2	미량	0	0.6	5.4	0.1	0	18.9	0.01	0.6
고구마줄기(생것)	35	10	2.3	0.2	0.1	0	0.8	18.9	0.8	4.2	3.5	0.06	0.3
고사리(마른 것)	4	10	2.2	1.0	0	0	2.3	7.5	0.3	0.6	1.3	0.02	0
고사리(생것)	25	5	0.4	1.1	0.1	0	0.5	4.3	0.1	0.8	0.8	0.04	0.5
고춧잎(생것)	20	11	1.9	0.9	0.3	0	1.4	42.2	0.7	0.8	152.8	0.06	16.2
냉이(생것)	10	4	0.8	0.3	0.1	0	0.8	19.3	0.4	0.7	4.7	0.04	2.3
늙은 호박	75	23	5.6	0.7	0.1	0	2.6	21.0	0.6	0.8	89.3	0.06	11.3
단무지	20	4	0.7	0.1	0	0	0.5	4.8	0.1	223.8	0	미량	1.4
단호박	30	21	5.4	0.5	0.1	0	1.4	1.2	0.1	0.3	201.0	0.01	6.3
달래	1	0	0.1	0	0	0	미량	0.7	0.8	0.3	0	미량	0.1
당근	30	11	2.6	0.3	미량	0	0.8	12.0	0.2	9.0	381.0	0.02	2.4
대파	3	1	0.2	미량	0	0	0.1	0.8	0.8	미량	0	미량	0.3
더덕	10	8	2.0	0.3	0	0	0.5	2.4	0.2	0.1	0	0.01	1.1
도라지(생것)	20	15	3.8	0.4	0	0	0.9	9.0	0.3	3.8	0.4	0.01	2.8

(계속)

식품의 종류	1인 1회 섭취 분량(g)	에너지 (kcal)	탄수화물(g)	단백질 (g)	지질(g)	콜레스테롤 (mg)	식이섬유(g)	칼슘 (mg)	철분 (mg)	나트륨 (mg)	비타민 A (μgRE)	비타민 B_2 (mg)	비타민 C
돌나물	35	5	1.0	0.3	0.1	0	0.2	58.1	4.1	1.0	3.8	0.02	3.5
들깻잎	10	4	0.8	0.4	미량	0	0.4	21.1	0.2	0.1	152.4	0.04	1.2
마늘	10	14	3.0	0.5	0	0	0.2	1.0	0.2	0.3	0	0.03	2.8
무	50	11	2.3	0.5	0.1	0	0.6	13.0	1.1	21.5	0	0.01	7.5
무말랭이	3	9	1.9	0.3	0.1	0	0.6	9.3	0.2	3.6	0	0.01	2.3
미나리	25	5	1.1	0.3	0.1	0	0.6	32.5	0.3	4.0	2.3	0.04	6.8
배추	50	6	1.4	0.6	0	0	0	14.5	0.3	7.5	0.5	0.01	5.0
부추	25	6	1.0	0.4	0.1	0	0.7	7.0	0.9	0.8	3.8	0.02	1.3
붉은 고추	2	1	0.2	0.1	미량	0	0.2	0.3	미량	0.2	21.6	미량	2.3
브로콜리 (데친 것)	20	7	1.2	0.9	미량	0	0	9.4	0.2	1.6	16.0	0.02	12.8
상추	20	3	0.5	0.2	0.1	0	0	8.2	0.3	1.0	34.4	0.02	2.2
셀러리	7	2	0.4	0.1	0	0	0.1	12.4	0.1	10.5	7.6	0.01	3.3
숙주나물	20	2	0.3	0.4	0	0	0.1	3.0	0.1	0.6	0.8	0.01	2.0
시금치	40	13	2.4	1.2	0.2	0	1.0	16.0	1.0	21.6	191.6	0.14	24.0
실파	7	1	0.2	0.1	0	0	0	5.3	0.1	0.1	8.4	0.01	1.7
쑥	4	3	0.8	0.2	0	0	0.1	9.2	0.2	0.4	26.6	0.01	1.3
쑥갓	5	1	0.2	0.2	0	0	0.1	1.9	0.1	2.3	31.3	0.01	0.9
아욱	35	8	0.9	1.3	0.2	0	1.4	32.9	0.7	12.3	400.0	0.07	16.8
애호박	25	7	1.4	0.2	미량	0	0.3	7.5	0.1	4.3	8.5	미량	2.3
양상추	35	6	1.6	0.2	0	0	0.5	5.3	0.1	0.7	4.6	0.01	0
양파	10	4	0.8	0.1	0	0	0.1	1.6	미량	0.2	0	미량	0.8
얼갈이	20	2	0.4	0.3	0	0	0	12.2	0.3	1.2	12.2	0.01	4.8
연근	20	14	3.3	0.4	0	0	0.5	4.4	0.2	7.2	0	미량	11.4
열무	50	9	1.4	1.2	0.1	0	1.3	60.0	1.3	18.0	52.5	0.05	11.5
오이	45	5	1.3	0.4	0	0	0.4	5.8	0.3	0.9	3.2	미량	0
우엉	15	10	2.3	0.5	0	0	0.5	8.4	0.1	0.8	0	0.01	0.4
적양배추	4	1	0.4	0.1	0	0	0.1	1.9	미량	0.2	0	미량	0
쪽파	15	4	0.9	0.3	미량	0	0.4	14.4	0.2	0.3	57.8	0.01	2.7
취나물(생것)	15	5	0.9	0.5	미량	0	0.4	18.3	0.2	0.6	38.5	0.02	2.0
치커리	10	2	0.3	0.2	미량	0	0.1	7.9	0.1	0	89.3	0.01	1.0
콩나물	25	13	1.2	1.1	0.4	0	1.1	12.0	0.2	0.8	0	0.02	1.3
토란대(생것)	25	5	1.4	0.2	0	0	0.4	16.5	미량	0.3	3.0	미량	2.0
파프리카(적색)	5	2	0.3	0.1	미량	0	0.1	0.2	0.1	0.4	25.5	0.01	5.9
풋고추	3	1	0.1	미량	0	0	0	0.4	미량	0.3	0	0	2.2
피망(녹색)	15	3	0.7	0.1	미량	0	0.4	1.5	0.1	0.4	9.6	0.01	7.9

출처 : 농촌진흥청(2013), 1회 분량으로 보는 소비자가 알기 쉬운 식품영양가표

해조류

식품의 종류	1인 1회 섭취 분량(g)	에너지 (kcal)	탄수화물(g)	단백질 (g)	지질(g)	콜레스테롤 (mg)	식이섬유(g)	칼슘 (mg)	철분 (mg)	나트륨 (mg)	비타민 A (μgRE)	비타민 B_2 (mg)	비타민 C
김	2	3	0.9	0.7	0	0	0	4.6	0.5	0	0	0.02	0.4
다시마(마른 것)	1	1	0.5	0.1	0	0	0.7	7.1	0.1	31.0	1.0	미량	0.1
다시마(생것)	15	2	0.6	0.2	미량	0	0	15.4	0.4	11.3	19.4	0.02	2.1
미역(마른 것)	5	6	1.8	1.0	0.1	0	4.5	48.0	0.5	305.0	27.8	0.05	0.9
미역(생것)	20	3	1.0	0.6	0.1	0	0	29.8	0.2	122.0	63.0	0.03	3.0
미역줄기	20	3	0.9	0.4	미량	0	0	24.0	0.1	104.0	12.0	0.01	2.4
파래(생것)	20	2	0.6	0.5	0	0	0.9	4.4	2.7	169.6	21.0	0.02	3.0

출처 : 농촌진흥청(2013), 1회 분량으로 보는 소비자가 알기 쉬운 식품영양가표.

버섯류

식품의 종류	1인 1회 섭취 분량(g)	에너지 (kcal)	탄수화물(g)	단백질 (g)	지질(g)	콜레스테롤 (mg)	식이섬유(g)	칼슘 (mg)	철분 (mg)	나트륨 (mg)	비타민 A (μgRE)	비타민 B_2 (mg)	비타민 C
느타리버섯	15	3	0.9	0.4	0	0	0.3	0.2	0.1	0.4	0.2	0.02	0.4
새송이버섯	20	8	1.8	0.5	0	0	0.7	0.4	0.1	1.2	0	0.03	0
양송이버섯	5	1	0.2	0.2	0	0	0.1	0.3	0.1	0.4	0	0.03	0
팽이버섯	11	2	0.7	0.2	0.1	0	0.3	0.1	0.2	0.1	0.	0.01	0
표고버섯	6	1	0.4	0.1	0	0	0.5	0.4	미량	0.3	0	0.01	0

출처 : 농촌진흥청(2013), 1회 분량으로 보는 소비자가 알기 쉬운 식품영양가표.

과일류

식품의 종류	1인 1회 섭취 분량(g)	에너지 (kcal)	탄수 화물(g)	단백질 (g)	지질(g)	콜레스 테롤 (mg)	식이 섬유(g)	칼슘 (mg)	철분 (mg)	나트륨 (mg)	비타민 A (μgRE)	비타민 B_2 (mg)	비타민 C
건포도	4	11	3.0	0.1	0	0	0.3	2.3	0.1	0.4	0.4	미량	0
곶감	35	86	23.1	0.8	0.1	0	1.5	9.8	0.5	1.8	17.1	미량	1.4
단감	155	79	20.9	0.8	0.2	0	3.1	10.9	0.6	17.0	48.0	0.06	170.5
대추(마른 것)	4	12	2.9	0.2	0.1	0	0.4	0.7	0.1	0.3	0	미량	0.3
딸기	95	34	8.5	0.8	0.2	0	1.1	6.7	0.4	12.4	0	0.16	67.4
멜론	80	29	7.1	1.0	0	0	1.3	12.8	0.9	16.0	0.8	0.01	0
귤	155	62	16.3	0.8	0.2	0	1.7	21.7	0.6	3.1	31.0	0.03	0
바나나	55	44	11.7	0.6	0	0	1.4	3.3	0.2	0.6	9.9	0.04	0
방울토마토	50	9	2.0	0.4	0.1	0	0.4	7.0	0.2	3.0	120.5	0.01	10.5
배	300	123	32.7	0.9	0.3	0	2.1	6.0	0.6	9.0	0	0.03	12.0
복숭아(백도)	220	79	20.0	1.3	0.2	0	1.5	11.0	0.2	4.4	0	0.04	0
복숭아(황도)	210	95	24.8	1.5	0	0	2.5	8.4	0.6	35.7	88.2	0.04	14.7
사과	135	66	177.7	0.3	0.1	0	1.9	8.1	0.4	21.6	1.4	0.04	64.8
수박	195	62	15.8	1.6	0	0	0.8	9.8	1.0	2.0	60.5	0.02	0
연시	190	108	28.7	0.9	0.2	0	0	28.5	0.6	9.5	30.4	0.04	38.0
오렌지	135	59	15.1	1.2	0.1	0	2.7	44.5	0.3	1.4	20.3	0.03	58.0
자두	120	31	6.4	0.6	0.7	0	2.6	3.6	0.2	1.2	0	0.04	6.0
참외	170	65	12.8	3.7	0.7	0	3.4	10.2	0.5	17.0	10.2	0.05	35.7
키위	100	64	14.8	0.8	1.0	0	3.6	30.0	1.0	3.0	4.0	0.03	72.0
토마토	195	35	8.8	1.6	0	0	2.0	11.7	1.0	31.2	23.4	0.02	23.4
파인애플	35	19	5.2	0.2	0	0	0.6	3.2	0.1	0.3	18.2	0.01	0
포도(거봉)	120	78	20.5	0.5	0.2	0	1.1	7.2	0.4	1.2	0	0.02	1.2
포도(캠벌얼리)	120	55	14.6	0.6	0.1	0	1.1	6.0	0.2	0	2.4	0.01	0

출처 : 농촌진흥청(2013), 1회 분량으로 보는 소비자가 알기 쉬운 식품영양가표.

육 류

식품의 종류	1인 1회 섭취 분량(g)	에너지 (kcal)	탄수화물(g)	단백질 (g)	지질(g)	콜레스테롤 (mg)	식이섬유(g)	칼슘 (mg)	철분 (mg)	나트륨 (mg)	비타민 A (μgRE)	비타민 B_2 (mg)	비타민 C
개고기	65	176	0.1	12.4	13.1	28.0	0	5.8	1.8	46.8	7.8	0.12	2.0
닭고기(살코기)	95	109	0.1	22.8	1.3	51.3	0	10.4	1.	055.1	44.7	0.20	0
돼지고기(갈비)	110	274	12.3	19.9	14.7	42.9	0	16.5	1.4	22.0	0	0.35	0
돼지고기(뒷다리)	25	59	0.1	4.6	4.1	18.3	0	0.3	0.4	14.8	0.5	0.05	0
돼지고기(등심)	60	93	3.7	13.3	2.3	23.4	0	5.4	0.5	4.2	3.6	0.17	0
돼지고기(목살)	75	135	1.0	15.2	7.1	49.5	0	7.5	4.8	82.0	5.3	0.08	0
돼지고기(사태)	20	24	0	4.4	0.6	12.0	0	0.8	0.2	10.0	1.0	0.04	0.2
돼지고기(삼겹살)	110	383	8.8	17.4	29.0	47.3	0	11.0	1.1	1.1	0	0.3	0
돼지고기(앞다리)	65	120	0	10.6	8.0	39.0	0	0.6	1.3	32.5	1.3	0.11	0
등심로스햄	30	37	1.7	4.8	1.3	12.0	0	1.8	0.3	300.0	0	0.06	14.1
베이컨	6	18	0.1	1.0	1.5	3.6	0	0.4	미량	42.4	0.5	0.01	1.6
비엔나소시지	40	119	2.3	5.4	9.8	34.8	0	5.2	0.5	345.2	0	0.05	2.4
쇠고기(한우, 우둔)	25	33	0	5.3	1.1	16.8	0	5.0	1.5	112.3	1.8	0.05	0
쇠고기 (수입산 갈비)	65	171	0.2	12.0	12.7	45.5	0	2.0	0.8	26.6	6.5	0.1	0.6
쇠고기 (수입산 등심)	65	146	0.1	11.4	10.3	41.6	0	9.8	1.0	28.6	3.9	0.15	0
쇠고기 (수입산 사태)	30	36	0.1	5.3	1.4	15.9	0	2.7	0.5	15.0	2.1	0.05	0
쇠고기 (수입산 양지)	30	45	0	6.4	2.0	21.9	0	1.8	0.8	14.4	1.8	0.05	0.3
쇠고기 (수입산 우둔)	25	34	0	5.5	1.1	13.3	0	2.3	0.5	11.3	2.0	0.05	0
쇠고기(한우갈비)	65	200	11.2	10.7	15.9	45.5	0	5.8	2.0	82.6	0	0.18	0
쇠고기(한우등심)	65	246	2.0	10.3	20.6	50.7	0	4.6	0.2	35.1	0	0.1	0
쇠고기(한우사태)	30	39	0	6.1	1.4	18.3	0	0.9	0.6	22.5	3.6	0.04	0
쇠고기(한우양지)	30	64	1.4	5.7	3.7	23.4	0	2.4	0.9	22.5	0	0.08	0
오리고기	165	437	0.3	23.8	35.6	132.0	0	24.8	3.0	79.2	0	0.38	0
핫도그	10	27	0.6	1.3	2.2	7.4	0	1.5	0.1	82.3	0	0.01	1.0

출처 : 농촌진흥청(2013), 1회 분량으로 보는 소비자가 알기 쉬운 식품영양가표.

난 류

식품의 종류	1인 1회 섭취 분량(g)	에너지 (kcal)	탄수 화물(g)	단백질 (g)	지질(g)	콜레스테롤 (mg)	식이 섬유(g)	칼슘 (mg)	철분 (mg)	나트륨 (mg)	비타민 A (μgRE)	비타민 B_2 (mg)	비타민 C
달걀	40	56	1.3	4.6	3.3	158.5	0.7	20.8	0.7	54.0	34.8	0.28	0
메추리알	20	35	0.4	2.5	2.4	102.4	0	12.0	0.4	31.2	114.2	0.23	0

출처 : 농촌진흥청(2013), 1회 분량으로 보는 소비자가 알기 쉬운 식품영양가표.

어패류

식품의 종류	1인 1회 섭취 분량	열량 (kcal)	탄수 화물(g)	단백질 (g)	지질(g)	콜레스테롤 (mg)	식이 섬유(g)	칼슘 (mg)	철분 (mg)	나트륨 (mg)	비타민 A (μgRE)	비타민 B_2 (mg)	비타민 C
가자미	35	45	0.1	7.7	1.3	34.7	0	14.0	0.2	80.5	2.8	0.09	0.7
갈치	25	37	0	4.6	1.9	18.0	0	11.5	0.3	25.0	5.0	0.03	0.3
게	20	15	0.4	2.7	0.2	17.4	0	23.6	0.6	60.8	0	0.01	0
고등어(생것)	30	55	0	6.1	3.1	19.2	0	7.8	0.5	22.5	6.9	0.14	0.3
고등어(자반)	45	77	0	12.1	2.8	42.8	0	17.5	1.3	810.0	4.1	0.14	0
광어	115	125	0.3	24.0	2.4	78.2	0	24.1	0.7	0	9.2	0.23	1.1
굴	20	19	1.0	2.0	0.7	6.4	0	0.6	0	0	4.2	0.04	1.0
꼬막	15	9	0.2	1.9	미량	3.2	0	12.4	1.0	0	5.8	0.04	0.4
꽁치	40	57	0.2	9.1	1.9	27.6	0	16.8	0.7	32.0	8.4	0.11	0.4
낙지	45	25	0	5.2	0.3	39.6	0	6.8	0.2	102.2	0	0.02	0
다랑어	25	33	0	6.8	0.4	9.5	0	2.8	0.6	0	2.0	0.03	0.5
대구	55	47	0.2	10.7	0.2	32.9	0	19.3	0.2	0	12.0	0.09	0.6
멍게	25	21	2.0	1.8	0.5	5.5	0	22.3	0.4	0	0	0.05	0.5
명태(마른 것)	8	23	0	4.9	0.2	16.7	0	19.4	0.2	39.7	0	0.02	0
명태/동태	45	32	0	7.2	0.2	14.4	0	21.6	0.1	94.5	4.1	0.03	0
문어	15	11	0	2.3	0.1	12.8	0	4.7	0.2	31.6	0	0.02	0
미더덕	10	5	0.4	0.4	0.1	-	0	4.0	0.4	0	0	0.01	0.4
바지락	30	22	0.7	3.8	0.4	9.6	0	23.4	1.1	0	3.9	0.03	0.6
백합	10	7	0.4	1.2	0.1	4.4	0	16.1	1.2	0	0	0.02	0.3

(계속)

식품의 종류	1인 1회 섭취 분량	열량 (kcal)	탄수화물(g)	단백질 (g)	지질(g)	콜레스테롤 (mg)	식이섬유(g)	칼슘 (mg)	철분 (mg)	나트륨 (mg)	비타민 A (μgRE)	비타민 B_2 (mg)	비타민 C
삼치	30	32	0.2	5.7	0.8	21.6	0	2.7	0.2	0	2.7	0.09	0.3
새우(중하)	40	38	0	8.0	0.4	68.0	0	30.8	1.0	108.0	0	0.04	0.4
연어	20	21	0	4.1	0.4	13.0	0	4.8	0.2	19.0	3.6	0.03	0.2
오징어(말린 것)	10	35	0	6.8	0.7	94.5	0	25.2	0.3	98.0	0	0.02	0
오징어(생것)	25	24	0	4.9	0.3	57.5	0	6.3	0.1	45.3	0.5	0.02	0
장어	110	187	0.4	19.7	10.9	253.0	0	89.1	2.3	0	594.0	0.12	0
조기	60	101	1.9	9.5	5.7	43.1	0	105.0	0.3	66.6	106.2	0.06	0
쥐치(말린 것)	15	51	5.1	6.3	0.3	14.1	0	18.9	0.7	225.6	0	0.01	0
참치통조림	50	149	0	9.1	11.7	11.5	0	3.5	0.7	217.5	0	0.05	0
홍어	35	30	0	6.9	0.2	-	0	106.8	0.4	77.7	0	0.05	0
홍합	15	12	0.5	2.1	0.2	7.1	0	6.4	0.9	0	4.5	0.05	0.6

출처 : 농촌진흥청(2013), 1회 분량으로 보는 소비자가 알기 쉬운 식품영양가표.

우유 · 유제품

식품의 종류	1인 1회 섭취 분량(g)	에너지 (kcal)	탄수화물(g)	단백질 (g)	지질(g)	콜레스테롤 (mg)	식이섬유(g)	칼슘 (mg)	철분 (mg)	나트륨 (mg)	비타민 A (μgRE)	비타민 B_2 (mg)	비타민 C
모짜렐라치즈	8	17	1.0	1.4	0.8	1.6	0	32.2	미량	52.3	19.3	0.02	0
바닐라 아이스크림	20	37	4.9	0.6	1.7	8.8	0	22.6	0.1	18.6	0	0.02	0
우유	200	122	10.0	5.6	6.6	18.0	2.8	182.0	0.2	80.0	104.0	0.1	0
치즈	20	64	1.1	3.7	4.8	15.6	0	106.6	0.1	226.8	47.6	0.06	0
요구르트(딸기, 호상)	100	101	16.1	3.2	2.7	9.0	0	105.0	0.1	53.0	29.0	0.11	0
요구르트(액상)	70	46	10.4	1.0	0.1	9.8	0	27.3	0.1	43.4	0	0.08	0

출처 : 농촌진흥청(2013), 1회 분량으로 보는 소비자가 알기 쉬운 식품영양가표.

유지류

식품의 종류	1인 1회 섭취 분량(g)	에너지 (kcal)	탄수화물(g)	단백질 (g)	지질(g)	콜레스테롤 (mg)	식이섬유(g)	칼슘 (mg)	철분 (mg)	나트륨 (mg)	비타민 A (μgRE)	비타민 B_2 (mg)	비타민 C
들기름	4	37	0	0	4.0	0	0.3	0.6	0	0.4	0	0	0
땅콩버터	7	45	2.2	0.8	3.6	0	0.4	1.0	0.1	32.4	0	0.03	0
버터	5	39	0	0	4.2	10.0	0	1.1	0	36.3	20.9	미량	0
옥수수기름	4	37	0	0	4.0	0	0.2	0.1	미량	0	0	0.01	0
올리브유	4	37	0	0	4.0	0	0.4	0.1	미량	0.1	0.7	0	0
참기름	4	37	0	0	4.0	0	0.6	0.2	미량	0.1	0.1	미량	0
커피 프림	5	19	4.5	0.1	0.1	0	0	9.8	0	2.6	0	미량	0
콩기름	4	37	0	0	4.0	0	0.3	0.1	미량	0	0	0.01	0
해바라기유	4	37	0	0	4.0	0	0	0	0	0	0	0	0

출처 : 농촌진흥청(2013), 1회 분량으로 보는 소비자가 알기 쉬운 식품영양가표.

음료 · 주류

음료류

식품의 종류	1인 1회 섭취 분량(g)	에너지 (kcal)	탄수화물(g)	단백질 (g)	지질(g)	콜레스테롤 (mg)	식이섬유(g)	칼슘 (mg)	철분 (mg)	나트륨 (mg)	비타민 A (μgRE)	비타민 B_2 (mg)	비타민 C
녹차침출액	180	2	0.4	0	0	0	0	5.4	0.5	9.0	0	0	5.4
매실음료	205	113	26.9	0.2	0.4	0	0	2.0	0.6	10.3	26.6	0.12	8.2
배즙	170	88	2101	0.5	0.9	0	0	10.2	1.5	59.5	0	0.05	0
보리차	200	2	0.6	0	0	0	0	2.0	0.2	4.0	0	0	0
사이다	250	38	25.3	0	0	0	0	5.0	0	12.5	0	0	0
쌀음료	180	97	20.5	0.4	1.4	0	0	10.8	0	10.8	0	0	23.4
오렌지주스(무과당)	180	65	16.2	1.3	0.2	0	0	10.8	0.7	1.7	19.8	0.07	104.4
이온음료	245	59	15.4	0	0	0	0	0	22.0	98.0	0	0	0
커피믹스	12	47	10.8	0.4	0.3	0	0	13.8	미량	3.5	0	0.08	0
커피침출액(원두)	190	8	0.9	0.6	0.2	0	0	7.6	0.6	3.8	0	0	0
콜라	250	118	29.5	0	0	0	0	5.0	0	7.5	0	0	0
토마토주스	215	30	6.7	1.7	0.2	0	1.7	21.5	1.7	135.4	86.0	0.04	10.8

주 류

식품의 종류	1인 1회 섭취 분량(g)	에너지 (kcal)	탄수 화물(g)	단백질 (g)	지질(g)	콜레스 테롤 (mg)	식이 섬유(g)	칼슘 (mg)	철분 (mg)	나트륨 (mg)	비타민 A (μgRE)	비타민 B_2 (mg)	비타민 C
막걸리	400	224	7.2	6.4	0	0	2.4	24.0	0.4	24.0	0	0.12	4.0
맥주(하이트)	355	131	9.9	1.1	0	0	0	7.1	0	17.8	0	0.07	0
소주	45	80	0	0	0	0	0	0	0	0	0	0	0
적포도주	65	62	1.6	0.1	0	0	0	5.8	0.3	3.3	0	0.01	0
청주	45	60	1.9	0.3	0	0	0	0.9	0	0	0	0	0

출처 : 농촌진흥청(2013), 1회 분량으로 보는 소비자가 알기 쉬운 식품영양가표.

조미료류

식품의 종류	1인 1회 섭취 분량(g)	에너지 (kcal)	탄수 화물(g)	단백질 (g)	지질(g)	콜레스 테롤 (mg)	식이 섬유(g)	칼슘 (mg)	철분 (mg)	나트륨 (mg)	비타민 A (μgRE)	비타민 B_2 (mg)	비타민 C
간장(양조)	5	3	0.5	0.4	0	0	0.1	2.3	0.1	258.4	0	0.04	0
간장(재래)	5	2	0.2	0.4	0	0	0	1.9	미량	357.9	0	미량	0
고추장	5	11	2.4	0.3	0	0	0.3	1.5	0.1	122.8	3.3	0.02	0
고춧가루	1	3	0.6	0.1	0.1	0	0.4	0.6	0.1	0.2	34.4	0.01	0.3
된장	10	13	1.5	1.1	0.4	0	0	8.1	0.7	499.1	0	0.03	0
마요네즈	10	76	1.0	0.1	7.9	81.4	0	1.2	미량	30.4	4.8	미량	0
맛술	1	1	0.4	0	0	0	0	0	0	0.3	0	0	0.1
소금(굵은 소금)	1	0	0	0	0	0	0	1.5	미량	322.2	0	0	0
소금(식염)	1	0	0	0	0	0	0	0.4	0	336.0	0	0	0
사과식초	4	0	0.1	0	0	0	0	0.1	0	0.1	0	0	0
쌈장	5	10	1.5	0.5	0.2	0	0.3	3.4	0.1	164.4	2.8	미량	0
청국장	20	22	3.0	2.0	0.2	0	0	19.2	0.8	192.2	2.6	0.06	0
초고추장	10	17	4.6	0.4	0	0	0	2.1	0.1	313.2	41.3	0.05	0.5
토마토케첩	5	6	1.6	0.1	0	0	미량	0.3	미량	48.8	7.0	0.01	0.4
후추	0.5	2	0.3	0.1	0	0	0.1	1.4	0.1	0.2	0.1	미량	0

출처 : 농촌진흥청(2013), 1회 분량으로 보는 소비자가 알기 쉬운 식품영양가표.

1인 1회 섭취분량별 음식의 영양가

밥 · 면류

밥 류

식품의 종류	1인 1회 섭취 분량(g)	에너지 (kcal)	탄수 화물(g)	단백질 (g)	지질(g)	콜레스 테롤 (mg)	식이 섬유(g)	칼슘 (mg)	철분 (mg)	나트륨 (mg)	비타민 A (μgRE)	비타민 B_2 (mg)	비타민 C
김밥	215	273	50.6	8.0	3.6	49.5	1.5	55.0	1.9	480.7	177.9	0.18	10.4
김치볶음밥	300	312	56.7	7.6	4.8	5.6	0.4	39.7	1.4	127.5	25.9	0.08	3.8
보리밥	260	363	79.7	7.0	0.4	0	0.7	8.9	1.3	7.6	0.9	0.02	0
볶음밥	200	224	38.1	6.6	4.1	40.9	0.7	15.1	1.0	258.2	123.5	0.11	3.9
비빔밥	750	637	98.3	22.4	15.2	205.9	6.5	86.4	4.7	714.9	445.6	0.60	23.5
생선초밥	120	220	36.4	12.1	2.0	74.6	0	24.7	2.3	489.4	62.2	0.07	0.1
쌀밥	265	322	70.6	5.7	0.4	0	0	6.2	1.2	7.1	0.9	0.02	0
완두콩밥	290	393	85.3	7.8	0.5	0	1.0	12.5	1.7	11.0	1.2	0.04	2.5
유부초밥	105	219	27.4	7.2	8.3	0	0.1	77.7	1.6	82.2	0.3	0.01	0
잡곡밥	250	329	69.5	7.2	1.2	0	0.3	14.5	1.5	7.4	0.7	0.04	0
콩밥	250	338	69.8	7.9	1.6	0	0	21.3	1.6	6.9	0.9	0.03	0
현미밥	250	348	73.3	7.2	1.8	0	0	5.6	1.7	13.7	0.6	0.05	0
흑미밥	260	365	79.5	6.5	0.5	0	0.2	7.4	1.3	7.9	1.0	0.02	0

면 · 만두류

식품의 종류	1인 1회 섭취 분량(g)	에너지 (kcal)	탄수 화물(g)	단백질 (g)	지질(g)	콜레스 테롤 (mg)	식이 섬유(g)	칼슘 (mg)	철분 (mg)	나트륨 (mg)	비타민 A (μgRE)	비타민 B_2 (mg)	비타민 C
고기만두	140	139	18.0	8.5	3.3	7.4	1.5	23.2	1.4	386.8	4.0	0.09	2.5
군만두	70	96	8.7	3.4	5.2	3.3	1.6	14.0	2.2	226.6	5.5	0.07	0.4
떡국	375	245	46.3	7.1	2.5	41.8	0.9	14.8	2.1	677.9	14.5	0.12	1.0
떡만둣국	500	276	45.3	8.5	5.9	43.2	2.7	28.8	4.9	724.7	18.1	0.17	1.0
라면	500	388	60.7	8.3	11.9	23.7	2.6	161.2	0.5	2363.2	9.8	0.64	0.2
만둣국	540	206	21.6	10.6	8.3	59.8	3.7	43.3	5.1	923.6	23.3	0.25	2.1

(계속)

식품의 종류	1인 1회 섭취 분량(g)	에너지 (kcal)	탄수 화물(g)	단백질 (g)	지질(g)	콜레스 테롤 (mg)	식이 섬유(g)	칼슘 (mg)	철분 (mg)	나트륨 (mg)	비타민 A (μgRE)	비타민 B_2 (mg)	비타민 C
메밀국수	500	629	139.0	18.5	0.9	2.8	6.5	48.9	2.8	2,873.5	63.7	0.35	10.5
물냉면	820	628	118.0	26.9	5.1	132.2	6.2	59.2	4.2	3,823.6	31.5	0.40	6.3
비빔국수	500	501	96.8	15.3	3.9	30.8	1.7	50.6	2.7	2,815.8	65.4	0.17	2.8
비빔냉면	920	756	136.0	29.7	10.4	163.3	10.0	53.4	6.2	994.8	193.3	0.44	8.2
수제비	475	186	32.6	7.2	2.2	34.1	0.7	29.2	1.9	538.2	12.1	0.09	3.6
스파게티	150	211	33.5	5.7	5.3	4.0	0.8	12.1	0.9	925.7	14.7	0.06	4.0
우동	370	160	26.0	6.7	2.6	48.6	0.6	59.8	1.1	943.9	9.0	0.10	0.5
자장면	750	640	100.9	22.1	13.8	9.4	4.9	76.2	2.2	1,519.3	19.4	0.15	9.1
잔치국수	640	479	91.5	15.9	3.7	59.0	1.6	107.3	3.1	3,076.2	148.9	0.20	6.4
잡채	150	151	23.5	4.0	4.8	6.9	2.5	36.3	2.1	469.5	156.1	0.11	10.0
짬뽕	550	306	49.6	12.1	5.5	42.5	3.0	46.5	1.3	976.0	156.6	0.08	6.9
칼국수	600	298	59.3	8.9	2.0	2.3	12.0	74.7	4.3	1,968.1	12.1	0.05	7.7
콩국수	900	728	110.0	40.5	12.5	0	0.2	142.5	7.1	3,357.0	0.8	0.20	1.6

국 · 탕류

국 류

식품의 종류	1인 1회 섭취 분량(g)	에너지 (kcal)	탄수 화물(g)	단백질 (g)	지질(g)	콜레스 테롤 (mg)	식이 섬유(g)	칼슘 (mg)	철분 (mg)	나트륨 (mg)	비타민 A (μgRE)	비타민 B_2 (mg)	비타민 C
감잣국	250	50	11.1	2.0	0	0	0.7	12.8	3.1	162.0	0.8	0.03	6.9
김칫국	250	23	2.4	1.8	0.6	2.2	0.4	54.8	0.7	278.7	20.3	0.03	3.5
김치콩나물국	280	19	2.3	1.6	0.4	1.2	0.9	37.1	0.5	249.0	15.32	0.03	3.2
달걀국	250	42	2.0	3.6	2.1	95.2	0.6	41.2	0.7	384.8	20.6	0.17	1.2
닭개장	300	175	8.6	17.0	8.4	92.5	6.1	37.8	2.1	573.4	136.0	0.29	6.2
동탯국	250	73	3.3	11.8	1.4	35.3	1.8	47.7	1.2	621.4	67.5	0.09	5.3
된장국	250	52	6.5	3.8	1.4	1.4	1.1	50.4	2.3	642.2	4.3	0.06	3.9
미소된장국	150	47	3.2	4.4	2.2	1.8	2.6	71.0	1.7	665.0	2.1	0.06	1.2
배추된장국	250	24	3.6	2.0	0.5	0	0.2	27.1	1.2	570.4	14.8	10.06	6.4
시금치된장국	250	40	5.6	3.7	0.9	1.2	1.7	55.2	2.6	714.1	247.5	0.22	30.5

(계속)

식품의 종류	1인 1회 섭취 분량(g)	에너지 (kcal)	탄수 화물(g)	단백질 (g)	지질(g)	콜레스테롤 (mg)	식이 섬유(g)	칼슘 (mg)	철분 (mg)	나트륨 (mg)	비타민 A (μgRE)	비타민 B_2 (mg)	비타민 C
아욱된장국	250	26	2.9	3.0	0.7	4.7	1.5	69.3	1.6	514.6	395.4	0.10	17.1
뭇국	250	42	3.8	3.5	1.5	5.0	1.0	45.5	2.0	330.1	0.5	0.05	9.6
미역국	300	23	2.7	2.0	1.4	1.0	5.8	80.0	0.8	927.2	34.4	0.07	1.4
쇠고기미역국	300	67	3.6	6.1	3.7	8.2	5.4	59.3	1.3	815.3	32.3	0.13	1.2
미역오이냉국	200	36	5.3	1.4	1.5	0	3.0	39.4	0.8	622.7	54.3	0.04	6.4
북엇국	250	60	1.8	7.6	2.4	52.5	1.1	38.0	1.1	428.6	7.5	0.1	3.9
뼈다귀해장국	650	115	6.2	16.1	2.9	26.2	2.1	20.1	1.6	685.6	135.9	0.21	7.9
사골국	300	74	6.1	7.8	1.8	12.5	0.4	10.4	2.4	154.4	2.3	0.04	3.0
쇠고깃국	250	78	3.5	6.6	4.0	9.5	1.1	15.8	1.6	329.2	16.4	0.10	4.2
순댓국	390	187	23.8	10.0	5.7	66.7	2.8	35.6	6.1	641.4	14.8	0.18	11.0
어묵국	250	65	8.5	5.5	1.0	16.1	1.0	62.6	1.2	580.3	1.0	0.03	4.4
오이냉국	150	12	1.9	0.6	0.4	0	0.5	7.8	0.3	257.8	9.4	0.01	1.0
조갯국	250	26	0.8	3.6	0.8	7.5	0.4	23.0	1.0	227.5	3.1	0.03	0.7
콩나물국	250	19	1.9	1.6	0.6	0	1.5	17.0	0.4	275.7	5.9	0.03	2.5

탕 류

식품의 종류	1인 1회 섭취 분량(g)	에너지 (kcal)	탄수 화물(g)	단백질 (g)	지질(g)	콜레스테롤 (mg)	식이 섬유(g)	칼슘 (mg)	철분 (mg)	나트륨 (mg)	비타민 A (μgRE)	비타민 B_2 (mg)	비타민 C
갈비탕	650	360	14.3	17.4	24.5	70.2	0.8	27.3	4.3	432.5	0.1	0.30	6.7
감자탕	300	84	8.5	9.1	1.7	12.7	1.6	25.0	2.4	348.2	74.8	0.13	7.7
곰탕	300	126	2.7	18.0	4.1	29.0	0.2	9.1	4.6	692.1	4.9	0.06	1.3
꽃게탕	275	39	4.5	4.5	0.4	23.5	0.9	42.1	1.6	278.6	22.4	0.05	4.9
닭도리탕	200	170	9.2	14.6	7.9	61.8	1.3	18.8	2.2	379.2	139.0	0.19	4.8
삼계탕	400	302	25.2	22.7	11.4	94.0	1.3	27.5	3.4	565.9	52.3	0.29	2.3
생선매운탕	200	37	3.1	5.6	0.3	9.8	0.9	26.4	1.0	428.3	22.6	0.05	6.0
육개장	300	89	5.5	8.1	4.0	23.0	2.4	23.0	1.5	581.0	87.0	0.13	5.9
추어탕	400	115	7.6	13.9	3.3	128.7	2.5	582.2	6.8	931.4	209.4	0.55	5.4
해물매운탕	250	98	6.4	14.1	1.6	101.7	1.7	81.3	3.5	499.0	66.2	0.13	5.9

출처 : 농촌진흥청(2013), 1회 분량으로 보는 소비자가 알기 쉬운 식품영양가표.

찌개류

식품의 종류	1인 1회 섭취 분량(g)	에너지 (kcal)	탄수 화물(g)	단백질 (g)	지질(g)	콜레스테롤 (mg)	식이 섬유(g)	칼슘 (mg)	철분 (mg)	나트륨 (mg)	비타민 A (μgRE)	비타민 B_2 (mg)	비타민 C
고등어찌개	100	47	2.4	4.5	2.1	12.6	0.5	15.6	0.8	99.9	23.5	0.11	3.4
김치찌개	200	59	4.2	6.4	1.7	9.1	0.7	44.2	0.8	174.8	27.1	0.10	4.4
동태찌개	250	76	4.5	11.4	1.3	34.4	1.8	45.6	1.2	406.8	62.4	0.09	5.8
된장찌개	125	40	3.7	3.0	1.5	0.9	1.4	35.9	1.3	364.5	13.2	0.05	2.5
두부찌개	200	69	2.2	5.5	4.3	0	3.4	33.6	1.1	153.2	7.7	0.04	1.7
부대찌개	300	188	15.3	10.1	9.6	25.6	2.1	49.8	1.2	581.8	77.2	0.22	9.4
순두부찌개	280	113	4.8	10.7	5.6	91.4	1.5	75.8	2.1	343.3	77.8	0.22	3.3
청국장찌개	200	70	6.0	6.5	2.2	2.8	1.6	50.1	1.8	276.5	22.1	0.12	3.0
콩비지찌개	150	48	6.0	3.6	1.1	3.9	2.9	35.3	1.1	135.1	20.9	0.05	2.0

출처 : 농촌진흥청(2013), 1회 분량으로 보는 소비자가 알기 쉬운 식품영양가표.

찜 · 조림류

찜 류

식품의 종류	1인 1회 섭취 분량(g)	에너지 (kcal)	탄수 화물(g)	단백질 (g)	지질(g)	콜레스테롤 (mg)	식이 섬유(g)	칼슘 (mg)	철분 (mg)	나트륨 (mg)	비타민 A (μgRE)	비타민 B_2 (mg)	비타민 C
갈비찜	100	219	4.9	11.3	16.3	45.2	0.4	15.4	2.3	345.4	32.9	0.19	2.5
깻잎찜	15	11	1.4	0.7	0.5	0	0.7	21.7	0.4	205.3	159.3	0.05	1.5
꼬막찜	25	17	0.9	2.7	0.3	4.3	0.2	19.0	1.5	97.5	17.5	0.05	0.9
달걀찜	100	46	1.3	3.7	2.7	127.7	0.7	20.3	0.6	238.4	52.3	0.22	0.3
돼지갈비찜	200	518	31.6	35.1	25.9	71.7	1.0	48.8	3.8	576.2	151.5	0.62	5.7
순대	105	128	13.8	4.6	6.0	4.5	3.0	24.9	5.0	320.0	12.8	0.12	0
아귀찜	400	135	8.6	19.1	3.0	62.8	3.9	76.0	5.1	405.5	228.1	0.28	16.0
찐양배추	45	10	2.1	0.7	미량	0	3.9	14.8	0.2	7.6	11.5	미량	4.3

조림류

식품의 종류	1인 1회 섭취 분량(g)	에너지 (kcal)	탄수 화물(g)	단백질 (g)	지질(g)	콜레스 테롤 (mg)	식이 섬유(g)	칼슘 (mg)	철분 (mg)	나트륨 (mg)	비타민 A (μgRE)	비타민 B_2 (mg)	비타민 C
갈치조림	100	57	2.6	6.0	2.3	21.0	0.6	20.3	0.8	200.0	26.5	0.05	3.7
감자조림	50	46	7.4	1.2	1.5	0	0.5	8.9	1.8	157.5	0.5	0.02	3.4
고등어조림	100	79	2.8	7.8	3.8	22.8	0.8	17.1	1.2	173.2	45.2	0.19	4.3
고추조림	25	8	1.3	0.3	0.2	0	0.4	2.1	0.1	72.8	1.3	미량	0.1
꽁치조림	150	85	3.3	12.0	2.4	34.1	0.7	29.3	1.5	291.4	32.8	0.17	4.4
달걀장조림	50	78	5.8	5.5	3.6	171.7	0.8	25.4	0.9	482.4	37.7	0.30	0
돼지고기장조림	25	46	1.3	3.4	2.8	6.5	0	2.0	0.4	199.6	0.3	0.03	0.1
두부조림	50	56	1.4	3.9	3.9	0	2.4	23.7	0.8	188.3	17.3	0.04	0.4
땅콩조림	15	52	3.4	2.2	3.7	0	0.6	6.9	0.6	136.3	0.4	0.01	0.5
멸치조림	15	16	0.9	1.5	0.8	3.9	미량	48.4	0.6	73.5	0	0.01	0
쇠고기장조림	25	34	1.2	4.4	1.2	25.2	0.1	6.9	1.2	290.7	17.6	0.08	0.3
연근조림	25	19	4.3	0.6	0.1	0	0.4	6.6	0.2	173.8	0	미량	9.3
우엉조림	15	14	2.7	0.4	0.3	0	0.4	6.9	0.1	82.3	0	0.01	0.3
콩조림	15	41	3.9	3.1	1.6	0	0	20.0	0.7	127.0	0	0.02	0

출처 : 농촌진흥청(2013), 1회 분량으로 보는 소비자가 알기 쉬운 식품영양가표.

구이 · 전 · 튀김류

구이류

식품의 종류	1인 1회 섭취 분량(g)	에너지 (kcal)	탄수화물(g)	단백질 (g)	지질(g)	콜레스테롤 (mg)	식이섬유(g)	칼슘 (mg)	철분 (mg)	나트륨 (mg)	비타민 A (μgRE)	비타민 B_2 (mg)	비타민 C
갈비구이	150	443	12.2	21.7	32.7	86.3	1.0	22.4	4.2	815.8	0.2	0.36	3.9
갈치구이	35	51	0	4.7	3.3	18.4	0.1	12.0	0.3	160.1	5.1	0.03	0.3
고등어구이	55	98	0	8.9	6.4	28.2	0.1	11.8	0.7	321.5	10.1	0.21	0.4
김구이	240	3	0.8	0.7	미량	0.4	0.5	4.2	0.3	35.2	62.7	0.05	1.3
꽁치구이	60	96	1.4	11.3	4.6	33.8	0.1	21.4	0.9	257.4	10.3	0.14	0.5
달걀말이	50	69	1.8	4.3	4.7	147.6	0.9	21.8	0.7	252.2	67.0	0.26	0.7
돼지갈비구이	200	424	31.9	27.2	19.5	55.6	0.5	31.0	2.3	813.0	0	0.48	2.9
돼지고기구이	100	178	4.9	17.9	8.8	33.3	1.0	14.8	5.8	522.8	45.9	0.12	1.9
두부부침	50	54	0.4	3.7	4.1	0	2.3	21.3	0.7	84.7	0	0.03	0
삼겹살구이	150	407	9.3	18.5	30.8	50.2	0	12.3	1.2	511.8	0	0.32	0
소등심구이	150	561	4.5	23.6	47.0	103.9	0	11.2	0.5	682.9	0	0.24	0
오리고기로스	150	546	1.1	26.6	45.6	132.1	0.3	29.2	3.1	603.2	10.2	0.51	3.3
장어양념구이	150	365	19.3	27.8	18.8	276.7	2.9	146.0	4.1	983.4	830.3	0.28	2.0
조기구이	75	120	1.8	9.2	7.9	41.8	0.2	102.4	0.3	415.9	103.1	0.06	0
햄구이	30	35	1.4	3.9	1.6	11.9	미량	1.5	0.2	243.2	0	0.05	11.4

전 류

식품의 종류	1인 1회 섭취 분량(g)	에너지 (kcal)	탄수화물(g)	단백질 (g)	지질(g)	콜레스테롤 (mg)	식이섬유(g)	칼슘 (mg)	철분 (mg)	나트륨 (mg)	비타민 A (μgRE)	비타민 B_2 (mg)	비타민 C
김치전	65	102	13.6	2.6	3.7	13.0	0.3	24.6	0.5	95.6	15.2	0.05	2.3
달걀프라이	55	103	0.8	7.8	7.0	260.5	4.2	31.9	1.3	85.3	51.7	0.38	0
동태전	45	57	2.5	4.2	3.1	36.2	0.3	13.8	0.2	128.0	7.2	0.06	0
버섯전	35	51	4.6	2.2	2.9	44.3	2.1	8.5	0.4	142.7	9.7	0.13	0
부추전	55	96	13.3	2.3	3.4	0	0.9	12.3	1.1	98.3	3.5	0.03	1.5
완자전	25	69	1.8	2.7	5.4	18.8	0.5	6.2	0.2	74.3	10.0	0.05	0.3
채소전	45	94	11.9	2.1	3.9	8.0	0.5	8.5	0.5	92.0	14.2	0.03	1.1
파전	55	59	7.7	1.5	2.2	12.2	0.3	7.0	0.3	106.7	2.8	0.03	1.0
호박전	35	47	4.3	1.4	2.6	27.1	0.5	11.8	0.3	79.4	13.8	0.06	2.1

튀김류

식품의 종류	1인 1회 섭취 분량(g)	에너지 (kcal)	탄수화물(g)	단백질 (g)	지질(g)	콜레스테롤 (mg)	식이섬유(g)	칼슘 (mg)	철분 (mg)	나트륨 (mg)	비타민 A (μgRE)	비타민 B_2 (mg)	비타민 C
고구마튀김	40	75	11.0	1.2	2.8	11.8	0.9	8.9	0.2	8.5	7.3	0.04	6.2
고추튀김	50	77	7.2	2.4	4.3	14.0	1.2	8.0	0.3	136.8	3.6	0.04	0
닭양념튀김	150	236	9.8	13.1	15.7	85.3	1.5	28.2	1.1	138.4	185.3	0.20	3.3
닭튀김	150	236	9.8	13.1	15.7	85.3	1.5	28.2	1.1	138.4	185.3	0.32	3.3
돈가스	70	144	11.5	9.6	6.2	41.4	0.8	11.0	0.6	240.6	8.3	0.15	0
새우튀김	55	80	9.2	3.9	3.1	22.7	0.2	16.2	0.6	173.8	6.6	0.04	0.8
오징어튀김	30	46	2.4	3.9	2.1	50.2	0.1	6.3	0.2	31.4	1.8	0.03	0
탕수육	150	186	19.9	10.3	7.0	51.8	0.9	19.1	1.0	278.8	113.1	0.20	2.0
프렌치프라이	100	77	9.8	0.9	4.1	0	0.7	3.0	0.3	46.6	0	0.02	0.7

출처 : 농촌진흥청(2013), 1회 분량으로 보는 소비자가 알기 쉬운 식품영양가표.

볶음류

식품의 종류	1인 1회 섭취 분량(g)	에너지 (kcal)	탄수화물(g)	단백질 (g)	지질(g)	콜레스테롤 (mg)	식이섬유(g)	칼슘 (mg)	철분 (mg)	나트륨 (mg)	비타민 A (μgRE)	비타민 B_2 (mg)	비타민 C
감자볶음	50	49	8.2	1.4	1.3	0	0.6	9.3	2.3	120.6	18.3	0.03	4.9
건새우볶음	15	14	0.8	1.5	0.5	19.1	0.1	76.0	0.4	20.2	0.8	0.01	0.1
고추멸치볶음	15	13	0.9	1.1	0.5	2.1	0.4	40.0	0.4	62.2	0.3	0.01	0
김치볶음	50	25	1.8	1.1	1.5	2.0	0.1	24.2	0.5	85.6	16.9	0.03	2.6
낙지볶음	150	91	9.2	7.5	2.7	47.8	3.1	21.7	0.8	584.4	68.2	0.09	6.1
느타리버섯볶음	50	14	1.9	0.6	0.8	0	0.5	3.8	0.2	101.4	18.0	0.02	1.3
닭볶음	200	316	20.2	22.6	15.4	94.8	4.1	37.3	2.6	657.6	190.0	0.32	9.4
돼지고기볶음	100	150	10.1	12.9	6.2	22.2	2.4	18.8	4.2	465.9	43.1	0.11	4.1
돼지고기불고기	150	220	12.5	18.8	10.0	33.7	1.4	22.5	6.1	465.8	29.4	0.14	4.7
떡볶이	150	128	24.1	2.8	2.0	3.0	1.2	7.7	0.9	259.7	61.4	0.04	1.3
마늘종건새우볶음	25	17	1.9	0.7	0.8	1.5	0.1	15.3	1.9	74.6	1.4	0.02	8.0
멸치견과볶음	15	22	0.7	1.5	1.5	2.8	0.3	27.0	0.2	47.7	0.1	미량	0

(계속)

식품의 종류	1인 1회 섭취 분량(g)	에너지 (kcal)	탄수화물(g)	단백질 (g)	지질(g)	콜레스테롤 (mg)	식이섬유(g)	칼슘 (mg)	철분 (mg)	나트륨 (mg)	비타민 A (μgRE)	비타민 B_2 (mg)	비타민 C
멸치볶음	15	18	1.0	1.6	0.8	4.2	미량	52.6	0.7	70.5	0	0.01	0
미역줄기볶음	50	20	1.6	0.5	1.6	0	0.2	30.4	0.1	231.8	14.3	0.02	3.4
버섯볶음	50	23	2.5	0.7	1.6	0	1.2	3.3	0.4	144.6	24.6	0.05	1.3
불고기	125	294	7.9	12.0	22.8	41.6	0.9	14.6	0.6	434.4	29.0	0.14	3.1
소시지볶음	50	133	4.4	5.1	10.6	31.6	0.4	7.4	0.5	342.8	41.5	0.06	4.6
어묵볶음	50	104	12.1	6.0	3.4	18.1	0.4	38.7	0.7	639.3	37.6	0.02	1.7
오징어볶음	100	86	6.5	10.2	2.0	110.2	1.8	22.8	0.6	278.3	81.9	0.08	3.2
오징어채볶음	25	41	2.1	4.8	1.4	64.5	0.2	19.6	0.3	164.0	1.2	0.02	0
잔멸치볶음	15	15	02.8	1.5	0.6	3.7	미량	33.1	0.2	50.9	0	미량	0
풋고추멸치볶음	15	10	0.7	1.7	0.5	1.8	0.2	22.9	0.3	37.7	0.1	미량	0.1

출처 : 농촌진흥청(2013), 1회 분량으로 보는 소비자가 알기 쉬운 식품영양가표.

무침 · 나물류

무침류

식품의 종류	1인 1회 섭취 분량(g)	에너지 (kcal)	탄수화물(g)	단백질 (g)	지질(g)	콜레스테롤 (mg)	식이섬유(g)	칼슘 (mg)	철분 (mg)	나트륨 (mg)	비타민 A (μgRE)	비타민 B_2 (mg)	비타민 C
과일샐러드	100	100	12.7	0.5	5.9	59.5	1.3	7.8	0.3	29.8	12.5	0.03	31.9
노각무침	50	15	2.7	0.5	0.4	0	0.3	12.3	1.6	431.4	7.8	0.03	0.3
더덕무침	50	36	7.8	1.0	0.4	0	1.7	7.5	0.5	109.2	38.5	0.05	2.6
도라지생채	50	33	7.7	0.9	0.2	0	1.7	13.7	0.5	115.0	33.4	0.04	3.6
도토리묵무침	100	45	8.1	0.7	1.2	0	1.1	11.4	0.5	342.0	12.6	0.03	0.5
마늘종무침	25	13	1.9	0.5	0.5	0	0.1	11.1	1.6	91.5	0.9	0.02	6.9
무말랭이무침	15	13	2.7	0.4	0.2	0.1	0.7	9.5	0.3	40.5	14.4	0.01	2.5
무생채	50	22	1.0	0.7	0.5	0.1	1.0	14.4	1.1	217.1	37.4	0.03	7.0
미역초무침	50	19	4.0	1.0	0.5	0	0.4	37.8	0.4	302.3	88.1	0.05	4.0
배추겉절이	50	12	1.7	0.6	0.5	0.9	0.5	13.8	0.3	309.2	38.4	0.02	3.1
부추무침	50	19	2.9	1.0	0.6	1.3	1.3	18.1	1.3	200.6	39.3	0.04	2.2

(계속)

식품의 종류	1인 1회 섭취 분량(g)	에너지 (kcal)	탄수화물(g)	단백질 (g)	지질(g)	콜레스테롤 (mg)	식이섬유(g)	칼슘 (mg)	철분 (mg)	나트륨 (mg)	비타민 A (μgRE)	비타민 B_2 (mg)	비타민 C
상추겉절이	100	22	2.1	0.9	1.3	0	1.1	21.3	0.6	256.6	44.3	0.04	4.9
새우젓무침	2.5	1	0	0.2	0	3.4	0	8.0	미량	158.0	1.5	미량	0
양념게장	50	42	3.8	6.0	0.6	26.3	1.2	44.9	1.6	1122.4	98.6	0.07	1.3
양배추샐러드	100	98	3.3	0.7	9.3	95.3	3.1	14.7	0.3	113.8	34.3	0.01	4.5
양상추샐러드	150	146	7.0	2.2	12.3	165.9	1.4	20.6	0.7	119.4	104.7	0.12	4.9
오이생채	50	14	2.5	0.5	0.4	0	0.6	7.8	0.4	79.1	23.6	0.02	0.7
오이지무침	25	9	1.3	0.3	0.3	0	0.2	9.6	0.2	330.3	19.8	0.01	0.3
오징어무침	50	64	26	10.4	1.1	118	0.6	19.6	0.5	207.7	51.3	0.10	0.6
오징어채무침	20	38	2.4	4.9	0.9	66.2	0.2	20.0	0.3	128.4	1.0	0.02	0.1
육회	100	129	12.9	8.1	5.4	40.8	1.6	17.1	2.5	372.5	7.1	0.12	5.2
조개젓무침	5	3	0.1	0.4	0.1	9.9	0	6.0	0.9	0	0.8	0.01	0.1
파래무무침	50	12	2.1	0.8	0.4	0.2	1.2	12.1	3.1	236.4	31.5	0.03	5.0
파래무침	25	9	1.5	0.7	0.3	0.2	1.1	7.5	2.8	310.2	29.1	0.03	3.2
파무침	100	56	7.5	2.0	2.6	4.5	2.7	33.7	1.3	308.7	107.1	0.08	9.5

나물류

식품의 종류	1인 1회 섭취 분량(g)	에너지 (kcal)	탄수화물(g)	단백질 (g)	지질(g)	콜레스테롤 (mg)	식이섬유(g)	칼슘 (mg)	철분 (mg)	나트륨 (mg)	비타민 A (μgRE)	비타민 B_2 (mg)	비타민 C
가지나물	50	15	2.1	0.5	0.6	0	0.9	11.3	0.2	92.5	28.1	0.02	1.2
고구마줄기나물	50	16	2.7	0.3	0.6	0	0.9	20.3	0.9	162.7	5.4	0.06	5.7
고사리나물	50	28	2.4	1.7	1.6	0	2.5	12.9	0.7	281.1	3.2	0.02	0.3
고춧잎나물	50	21	2.7	1.3	0.9	0	1.8	56.8	0.9	121.6	186.9	0.08	20.0
깻잎나물	35	23	2.1	1.0	1.4	0	1.0	44.8	0.5	168.9	288.2	0.09	2.8
도라지나물	50	35	6.0	0.7	1.3	0	1.5	16.5	0.4	148.3	0.6	0.02	4.4
머위나물	50	20	2.3	1.3	0.9	0	0.7	31.3	0.9	129.8	203.9	0.05	7.7
무나물	50	25	2.6	0.6	1.5	0	0.4	18.5	1.2	193.7	0	0.02	7.6
미나리나물	50	13	1.9	0.4	0.5	0	0.8	35.6	0.3	160.1	5.5	0.05	6.9

(계속)

식품의 종류	1인 1회 섭취 분량(g)	에너지 (kcal)	탄수화물(g)	단백질 (g)	지질(g)	콜레스테롤 (mg)	식이섬유(g)	칼슘 (mg)	철분 (mg)	나트륨 (mg)	비타민 A (μgRE)	비타민 B_2 (mg)	비타민 C
배추나물	50	14	1.7	0.8	0.6	0	0.1	18.3	0.4	143.6	0.5	0.02	4.9
비름나물	50	33	2.6	1.5	2.2	0	0.8	73.4	1.9	104.3	119.2	0.04	10.2
숙주나물	30	6	0.5	0.5	0.4	0.	0.1	5.0	0.2	99.7	0.8	0.01	2.2
시금치나물	50	20	2.7	1.4	0.7	0	1.1	19.7	1.1	139.0	193.9	0.14	24.5
시래기나물	50	17	2.2	1.2	0.6	0	1.5	75.0	0.7	230.5	202.0	0.03	18.0
참나물무침	50	37	7.6	0.8	0.9	0	3.2	10.2	0.3	138.2	1.1	0.01	0.08
취나물무침	50	22	3.0	1.6	0.8	0	1.3	55.8	0.8	113.5	108.7	0.08	5.8
콩나물무침	50	21	1.8	1.5	0.9	0	1.5	17.3	0.3	152.6	11.3	0.03	1.8
호박나물	50	25	3.1	0.6	1.2	0.7	0.7	17.7	0.2	124.7	14.5	0.01	4.5

출처 : 농촌진흥청(2013), 1회 분량으로 보는 소비자가 알기 쉬운 식품영양가표.

김치 · 장아찌류

식품의 종류	1인 1회 섭취 분량(g)	에너지 (kcal)	탄수화물(g)	단백질 (g)	지질(g)	콜레스테롤 (mg)	식이섬유(g)	칼슘 (mg)	철분 (mg)	나트륨 (mg)	비타민 A (μgRE)	비타민 B_2 (mg)	비타민 C
간장게장	25	15	11	2.3	0.1	13.6	0.1	19.9	0.5	148.0	0	0.01	0.4
갓김치	40	20	3.3	1.4	0.2	1.7	0	50.0	0.6	112.8	14.8	0.12	18.0
고들빼기 김치	15	13	1.8	0.6	0.4	0.7	0	17.3	0.6	334.6	137.1	0.02	1.6
고추장아찌	15	11	2.0	0.4	0.2	0	0.7	4.7	1.4	386.7	2.8	0.01	4.2
깍두기	35	14	2.6	0.6	0.1	0.6	1.0	12.9	0.1	208.6	13.3	0.02	6.7
깻잎김치	8	3	0.5	0.2	0.1	0.2	0.3	8.2	0.1	124.3	60.4	0.02	0.5
깻잎장아찌	20	24	4.6	0.7	0.3	0.3	0.9	24.2	5.4	364.4	108.8	0.04	0
나박김치	100	14	1.6	0.6	0.5	0	1.5	16.0	2.5	498.0	36.0	0.56	3.0
동치미	95	15	2.8	0.7	0.1	0	0.8	17.1	0.2	578.5	14.3	0.02	8.6
마늘장아찌	15	5	0.9	0.3	미량	0	0.2	2.4	0.7	151.0	0	미량	1.1
마늘종장아찌	10	14	3.0	0.2	0.1	0.1	0	2.4	0.1	180.9	14.9	0.01	0.4
매실장아찌	15	5	1.6	0.1	미량	0	0.6	10.2	0.2	1,363.9	1.9	미량	0
무장아찌	8	6	1.3	0.1	0.1	0	0.2	2.2	0.6	234.6	0.3	미량	0
배추김치	40	10	1.8	0.6	0.1	0.9	0	25.6	0.3	92.8	18.8	0.02	2.8
백김치	65	27	5.5	0.7	0.3	0	1.0	21.5	1.6	323.7	5.8	0.14	0
부추김치	30	9	1.7	0.7	0.2	1.7	1.0	7.4	0.8	412.6	38.9	0.03	1.6
양파초절임	25	17	4.3	0.1	0	0	0.2	4.3	0.1	1,501.9	0	미량	1.2
열무김치	35	12	1.7	0.8	0.2	1.3	1.0	34.7	2.0	217.4	72.8	0.05	0
열무물김치	100	10	1.8	0.7	0	0	0	40.0	0.8	538.0	9.0	0.03	9.0
오이소박이	50	18	2.5	0.9	0.4	0.9	1.2	15.5	2.8	266.0	57.0	0.08	0
오이장아찌	25	16	1.7	0.4	1.0	0	0.3	10.8	0.3	484.2	0.8	0.01	0.2
오이지	20	3	0.6	0.2	미량	0	0	6.6	0.1	288.8	3.4	미량	0
오이피클	15	16	3.8	0.1	미량	0	0	4.5	0.2	100.1	0	0.01	0
총각김치	35	13	2.0	0.8	0.2	0	0.6	16.8	1.7	236.6	23.8	0.04	0
파김치	30	18	2.7	0.9	0.4	0	1.3	21.0	3.2	244.8	76.5	0.05	0

출처 : 농촌진흥청(2013), 1회 분량으로 보는 소비자가 알기 쉬운 식품영양가표.

2015 한국인 영양소 섭취기준

다량영양소

성 별	연 령	체위기준치		에너지 (kcal/일)	탄수화물 (g/일)	지방 (g/일)	n-6 불포화 지방산(g/일)	n-3 불포화 지방산(g/일)	단백질 (g/일)			식이섬유 (g/일)	수분 (mL/일)	
		체중 (kg)	신장 (cm)	필요추정량	충분섭취량	충분섭취량	충분섭취량	충분섭취량	평균필요량	권장섭취량	충분섭취량	충분섭취량	충분섭취량	
													액체	총수분
영아	0~5개월	6.2	60.3	550	60	25	2.0	0.3			10		700	700
	6~11개월	8.9	72.2	700	90	25	4.0	0.8	10	15			500	800
유아	1~2세	12.5	86.4	1,000					12	15		10	800	1,100
	3~5세	17.4	105.4	1,400					15	20		15	1,100	1,500
남자	6~8세	26.5	126.4	1,700					25	30		20	900	1,800
	9~11세	38.2	142.9	2,100					35	40		20	1,000	2,100
	12~14세	52.9	163.5	2,500					45	55		25	1,000	2,300
	15~18세	63.1	173.3	2,700					50	65		25	1,200	2,600
	19~29세	68.7	174.8	2,600					50	65		25	1,200	2,600
	30~49세	66.6	172.0	2,400					50	60		25	1,200	2,500
	50~64세	63.8	168.4	2,200					50	60		25	1,000	2,200
	65~74세	61.2	164.9	2,000					45	55		25	1,000	2,100
	75세 이상	60.0	163.3	2,000					45	55		25	1,000	2,100
여자	6~8세	25.0	125.0	1,500					20	25		20	900	1,700
	9~11세	35.7	142.9	1,800					30	40		20	900	1,900
	12~14세	48.5	158.1	2,000					40	50		20	900	2,000
	15~18세	53.1	160.9	2,000					40	50		20	900	2,000
	19~29세	56.1	161.5	2,100					45	55		20	1,000	2,100
	30~49세	54.4	159.0	1,900					40	50		20	1,000	2,000
	50~64세	51.9	155.4	1,800					40	50		20	900	1,900
	65~74세	49.7	152.1	1,600					40	45		20	900	1,800
	75세 이상	46.5	147.1	1,600					40	45		20	900	1,800
임신부[1]				+0/340/450					+0/12/25	+0/15/30		+5		+200
수유부				+320					+20	+25		+5	+500	+700

1) 에너지, 단백질 : 임신 1, 2, 3분기별 부가량

비타민 권장섭취량 및 충분섭취량

연령		비타민 A (μg RE/일)	비타민 D (μg/일)	비타민 E (mg α-TE/일)	비타민 K (μg/일)	비타민 C (mg/일)	티아민 (mg/일)	리보플라빈 (mg/일)	나이아신 (mg NE/일)	비타민 B_6 (mg/일)	엽산 (μg DFE/일)	비타민 B_{12} (μg/일)	판토텐산 (mg/일)	비오틴 (μg/일)
		권장섭취량	충분섭취량	충분섭취량	충분섭취량	권장섭취량	권장섭취량	권장섭취량	권장섭취량	권장섭취량	권장섭취량	권장섭취량	충분섭취량	충분섭취량
영아	0~5개월	350	5	3	4	35	0.2	0.3	2	0.1	65	0.3	1.7	5
	6~11개월	450	5	4	7	45	0.3	0.4	3	0.3	80	0.5	1.9	7
유아	1~2세	300	5	5	25	35	0.5	0.5	6	0.6	150	0.9	2	9
	3~5세	350	5	6	30	40	0.5	0.6	7	0.7	180	1.1	2	11
남자	6~8세	450	5	7	45	55	0.7	0.9	9	0.9	220	1.3	3	15
	9~11세	600	5	9	55	70	0.9	1.2	12	1.1	300	1.7	4	20
	12~14세	750	10	10	70	90	1.1	1.5	15	1.5	360	2.3	5	25
	15~18세	850	10	11	80	105	1.3	1.7	17	1.5	400	2.7	5	30
	19~29세	800	10	12	75	100	1.2	1.5	16	1.5	400	2.4	5	30
	30~49세	750	10	12	75	100	1.2	1.5	16	1.5	400	2.4	5	30
	50~64세	750	10	12	75	100	1.2	1.5	16	1.5	400	2.4	5	30
	65~74세	700	15	12	75	100	1.2	1.5	16	1.5	400	2.4	5	30
	75세 이상	700	15	12	75	100	1.2	1.5	16	1.5	400	2.4	5	30
여자	6~8세	400	5	7	45	60	0.7	0.8	9	0.9	220	1.3	3	15
	9~11세	550	5	9	55	80	0.9	1.0	12	1.1	300	1.7	4	20
	12~14세	650	10	10	65	100	1.1	1.2	15	1.4	360	2.3	5	25
	15~18세	600	10	11	65	95	1.2	1.2	14	1.4	400	2.4	5	30
	19~29세	650	10	12	65	100	1.1	1.2	14	1.4	400	2.4	5	30
	30~49세	650	10	12	65	100	1.1	1.2	14	1.4	400	2.4	5	30
	50~64세	600	10	12	65	100	1.1	1.2	14	1.4	400	2.4	5	30
	65~74세	550	15	12	65	100	1.1	1.2	14	1.4	400	2.4	5	30
	75세 이상	550	15	12	65	100	1.1	1.2	14	1.4	400	2.4	5	30
임신부		+70	+0	+0	+0	+10	+0.4	+0.4	+4	+0.8	+220	+0.2	+1	+0
수유부		+490	+0	+3	+0	+40	+0.4	+0.5	+3	+0.8	+150	+0.4	+2	+5

* 영아기의 모든 영양소 섭취기준은 충분섭취량으로 표시하였습니다.

무기질 권장섭취량 및 충분섭취량/몰리브덴의 상한섭취량

성별	연령	칼슘 (mg/일)	인 (mg/일)	나트륨 (mg/일)	염소 (mg/일)	칼륨 (mg/일)	마그네슘 (mg/일)	철 (mg/일)	아연 (mg/일)	구리 (μg/일)	불소 (mg/일)	망간 (mg/일)	요오드 (μg/일)	셀레늄 (μg/일)	몰리브덴 (μg/일)	크롬 (μg/일)
		권장섭취량	권장섭취량	충분섭취량	충분섭취량	충분섭취량	권장섭취량	권장섭취량	권장섭취량	권장섭취량	충분섭취량	충분섭취량	권장섭취량	권장섭취량	권장섭취량	충분섭취량
영아	0~5개월	210	100	120	180	400	30	0.3	2	240	0.01	0.01	130	9		0.2
	6~11개월	300	300	370	560	700	55	6	3	310	0.5	0.8	170	11		5.0
유아	1~2세	500	450	900	1,300	2,000	80	6	3	280	0.6	1.5	80	23		12
	3~5세	600	550	1,000	1,500	2,300	100	6	4	320	0.8	2.0	90	25		12
남자	6~8세	700	600	1,200	1,900	2,600	160	9	6	440	1.0	2.5	100	35		20
	9~11세	800	1,200	1,400	2,100	3,000	230	10	8	580	2.0	3.0	110	45		25
	12~14세	1,000	1,200	1,500	2,300	3,500	320	14	8	740	2.5	4.0	130	60		35
	15~18세	900	1,200	1,500	2,300	3,500	400	14	10	840	3.0	4.0	130	65		40
	19~29세	800	700	1,500	2,300	3,500	350	10	10	800	3.5	4.0	150	60	30	35
	30~49세	800	700	1,500	2,300	3,500	370	10	10	800	3.0	4.0	150	60	25	35
	50~64세	750	700	1,500	2,300	3,500	370	10	9	800	3.0	4.0	150	60	25	35
	65~74세	700	700	1,300	2,000	3,500	370	9	9	800	3.0	4.0	150	60	25	35
	75세 이상	700	700	1,100	1,700	3,500	370	9	9	800	3.0	4.0	150	60	25	35
여자	6~8세	700	550	1,200	1,900	2,600	150	8	5	440	1.0	2.5	100	35		15
	9~11세	800	1,200	1,400	2,100	3,000	210	10	8	580	2.0	3.0	110	45		20
	12~14세	900	1,200	1,500	2,300	3,500	290	16	8	740	2.5	3.5	130	60		25
	15~18세	800	1,200	1,500	2,300	3,500	340	14	9	840	2.5	3.5	130	65		25
	19~29세	700	700	1,500	2,300	3,500	280	14	8	800	3.0	3.5	150	60	25	25
	30~49세	700	700	1,500	2,300	3,500	280	14	8	800	2.5	3.5	150	60	25	25
	50~64세	800	700	1,500	2,300	3,500	280	8	7	800	2.5	3.5	150	60	25	25
	65~74세	800	700	1,300	2,000	3,500	280	8	7	800	2.5	3.5	150	60	25	25
	75세 이상	800	700	1,100	1,700	3,500	280	7	7	800	2.5	3.5	150	60	25	25
임신부		+0	+0	1,500	2,300	+0	+40	+10	+2.5	+130	+0	+0	+90	+4		+5
수유부		+0	+0	1,500	2,300	+400	+0	+0	+5.0	+480	+0	+0	+190	+10		+20

*영아기(0~5개월, 6~11개월)의 칼슘, 인, 나트륨, 마그네슘, 구리, 요오드, 셀레늄, 크롬은 충분섭취량으로 표시되었습니다.
*영아기(0~5개월)의 철, 아연은 충분섭취량으로 표시되었습니다.
출처 : 보건복지부 · (사)한국영양학회(2015), 2015 한국인 영양소 섭취기준.

활동 및 운동의 에너지 소모량(10분 동안의 에너지 소모량)

활 동		체중 56.6kg(125lb)	체중 79.3kg(175lb)
일상적 활동	잠자기	10	14
	앉아서 TV 보기	10	14
	앉아서 말하기	15	21
	앉아서 글쓰기	15	21
	앉아서 타이핑하기	19	27
	서 있기	12	16
	서서 사무 보기	20	28
	옷 입기, 씻기	26	37
	계단 내려가기	56	78
	계단 올라가기	146	202
레저활동 및 운동	빨리 걷기	52	72
	보통 달리기	118	164
	자전거 타기	89	124
	배드민턴	43	65
	야구	39	54
	농구	58	82
	볼링(계속)	56	78
	노젓기	90	128
	춤추기(보통)	35	40
	춤추기(격렬)	48	66
	축구	69	96
	골프	33	48
	말 타기	56	78
	탁구	32	45
	라켓볼	75	104
	스키(알파인)	80	112
	스키(크로스컨트리)	98	138
	수상스키	60	88
	스쿼시	75	104
	수영(배영)	32	45
	수영(자유영)	40	56
	테니스	56	80
	배구	43	65

국민체육진흥공단 체육과학연구원(2006). 전문가를 위한 최신운동처방론. 도서출판 21세기교육사.

기능성성분표(2009). 농촌진흥청 국립농업과학원.

김원식 · 김기범(2009). 내 몸에 맞는 운동처방. 삼성북스.

농촌진흥청 국립농업과학원(2012). 식품성분표 제8개정판.

농촌진흥청 · 대한지역사회영양학회(2013). 1회 분량으로 보는 소비자가 알기 쉬운 식품영양가표. 교문사.

대한비만학회(2009). 비만치료지침.

대한영양사협회(2010). 식사계획을 위한 식품교환표 개정판.

보건복지부 · (사)한국영양학회(2015). 2015 한국인 영양소 섭취기준.

보건복지부 · 질병관리본부(2011). 국민건강통계-국민건강영양조사.

성민정 · 장경자(2006). 일부 지역 대학생의 생활 스트레스, 식행동, 식품 선택에 관한 상관성 연구. 동아시아식생활학회지, 16(6), 655-662.

손숙미 외(2010). 다이어트와 건강. 교문사.

스티븐 G. 프랫(2004). 난 슈퍼푸드를 먹는다. 시공사.

장경자(2004). 건강한 체중조절을 위한 맞춤영양정보. 교문사.

주명덕 · 이기청(2005). 운동역학. 대한미디어.

주은정 외(2012). 질병맞춤형 임상영양학. 교문사.

최혜미 외(2002). 교양인을 위한 21세기 영양과 건강 이야기. 라이프사이언스.

최혜미 외(2011). 21세기 영양학. 교문사.

최혜미 외(2011). 21세기 영양학원리. 교문사.

하늘매발톱(2012). 컬러 푸드 이야기. 종이책.

Calle et al(2003). Overweight, obesity, and mortality from cancer in a prospectively studied cohort of U.S. adults. N Engl J Med, 348, 1625-1638.

Choi et al(2013). Sugar-Sweetened Beverage Intake and the Risk of Type I and Type II Endometrial Cancer among Postmenopausal Women. Cancer Epidemiol Biomarkers Prev, 22(12), 2384-2394.

Du et al(2010). Antiobesity and hypolipidemic effects of lotus leaf hot water extract with taurine supplementation in rats fed a high fat diet 17(Suppl 1), S42.

Jason et al(2007). Obesity and mortality in men with locally advanced prostate cancer, 110(12), 2691-2699.

Kim et al(2011). Metabolic syndrome, lifestyle risk factors, and distal colon adenoma: A retrospective cohort study. World J gastroenterol, 17(35), 4031-4037.

Myers Jr et al(2010). Obesity and leptin resistance:distinguishing cause from effect. Trends in Endocrinology & Metaboism, 21(11), 643-651.

Pan et al(2006). obesity, high energy intake, lack of physical activity, and the risk of kidney cancer. Cancer Epidemiol Biomarkers Prev, 15(12), 2453-2460.

Solomon et al(2007). Adiposity, physical activity, and pancreatic cancer in the National Institutes of Health-AARP diet and health cohort. Am J Epidemiol, 167(5), 586-597.

http://blog.naver.com/clinic4pain/70157717396 비만의 문제점과 식사 · 운동요법

http://blog.naver.com/dietbible/80070138701 다이어트의 길에 왕도는 없습니다. 꾸준한 운동요법과 식사요법만이 요요 없는 정도이며, 왕도입니다

http://blog.naver.com/dudeodnl/80143686676 식이요법, 운동요법

http://dietnet.or.kr/ 대한지역사회영양학회 식생활정보센터

http://economy.hankooki.com/lpage/entv/201309/e2013091015065894230.htm 하루 수면시간, 7~8시간보다 적거나 많으면… 대사증후군 위험

http://health.chosun.com/healthyLife/column_view.jsp?idx=7261 암, 비만을 앓는 세포들의 조용한 반란!

http://news.kukinews.com/article/view.asp?page=1&gCode=kmi&arcid=1290094213&cp=nv 한식, 오래 먹으면 뱃살 빠진다

http://nutrition.kfda.go.kr 식품의약품안전청 영양정보

http://www.aacr.org/ 미국 암연구협회

http://www.aicr.org/ 미국 암연구센터

http://www.cancer.go.kr/mbs/cancer/ 국가암정보센터

http://www.choosemyplate.gov/ 미국 영양정책센터

http://www.christiantoday.co.kr/view.htm?id=200250 폐경기 여성 비만 겹치면 난소암 위험 증가

http://www.diabetes.or.kr/ 대한당뇨병학회

http://www.dietitian.or.kr/ 대한영양사협회

http://www.foodnara.go.kr/ 식품안전정보서비스 식품나라

http://www.idf.org/ 국제당뇨병연맹

http://www.kcscancer.org/ 대한암협회

http://www.khidi.or.kr/ 한국보건산업진흥원

http://www.kns.or.kr/ 한국영양학회

http://www.kormedi.com/news/article/1198348_2892.html 외로움, 비만-담배-술만큼 나쁘다

http://www.kormedi.com/news/article/1206328_2892.html 저울 보면 한숨? 다이어트 실패 7가지 이유

http://www.kormedi.com/news/article/1206578_2892.html 다이어트 안 해도 살 뺄 수 있는 6가지 방법

http://www.mfds.go.kr/ 식품의약품안전처

http://www.mw.go.kr/front_new/index.jsp 보건복지부

http://www.ohmynews.com/NWS_Web/View/at_pg.aspx?CNTN_CD=A0000364723 '44'권하는 사회, 여성에게 살을 허하라

http://www.saltdown.com/ 대구광역시 건강증진사업지원단 싱겁게먹기센터

http://www.who.int/ 세계보건기구

ㄱ

가공식품 129
가지 187
갈락토스 27
감량식이 81
개 자세 170
객관성 22
거식증 97
건강기능식품 44
건강보조식품 23
검 192
검은콩소스 222
경증비만 56
고당질 · 고지방 식품 89
고양이 기지개 자세 169
고양이 자세 168
고지혈증 194
고추 184
고혈압 134, 198
곡류군 117
골격근 131
골다공증 198
곰국 89
공익성 22
과당 27
과식 52, 55
과일군 123
과체중 47
관절염 59, 134
국 200
국물 200
군것질 151
권장량 195
그렐린 53, 74, 198
글루코만난 217
글리코겐 28
기초대사량 53, 131

ㄴ

나비 자세 176
나트륨 34, 195
낙타 자세 175
내장지방 50
내장지방형 49
뇌졸중 198

ㄷ

다당류 28
다리 자세 170
다리 자세 변형 171
다이어트 15
단당류 27
단백질 30
단층촬영 50
단호박고구마샐러드 226
닭가슴살무침 218
닭튀김 89
당근 185
당뇨 198
당뇨병 57, 132
대추 184
대한영양사협회 20
대한지역사회영양학회
 식생활정보센터 19
덴마크 다이어트 84
동맥경화증 59
된장소스 224
등 늘이기 자세 168
DEXA 64

ㄹ

라이코펜 183
렙틴 53, 74, 198
리그닌 192

ㅁ

마구먹기장애 98
마늘 189
맞춤영양 50
맞춤형다이어트연잎롤 204
매실 186
맥아당 27
명상하기 102
모관운동 164
무기질 33

무산소운동 139
물 35
뮤실리지 192
미량 무기질 34

ㅂ

바나나 186
버섯덮밥 206
변비 70
변비 예방 194
보상 149
복부비만 49, 69, 141
복식호흡 165
브로카 법 114
브로콜리 187
브로콜리감자샐러드 228
VLCD 81
블루베리 188
비둘기 준비 자세 176
비만 47, 198
비만도 47
비만의 원인 50
비만의 종류 48
비만치료 72
비만판정 63
BMI 66
비타민 31
비타민 A 32
비타민 B 32
비타민 C 33
비타민 D 32
비타민 E 32
비타민 K 32

ㅅ

사과 184
사과형 49
사춘기 59
사회적 요인 54
사회적 지원 150
삼겹살 89
상체비만 49
상체 앞으로 굽히기 자세 175
생식 240
생체 전기저항측정법 65
생활습관병 77
서양배형 49
서양식 93
섭취량 52, 195
성인비만 48
세계당뇨연맹 133
세계보건기구 195
세로토닌 100
셀룰로스 192
소금 195
소셜 다이어트 18
소아비만 48
송장 자세 177
수면 54
수면장애 59
수용성 비타민 32
수중지방측정 64
수척 47
술 90
슈퍼푸드 36
스마트폰 15
스트레스 53, 99
스트레칭 155, 165
시금치 186
시금치생새우살탕 210
식사계획 113
식습관 55
식욕조절 53
식이섬유 28
식이섬유소 192
식품교환표 116
식품구성자전거 43, 190
식품첨가물 43
신장질환 198
신체지수 47, 63
신체지수 이용 측정법 63, 65
신체질량지수 66
실천일기 145
심장병 133
심장질환 198
심혈관계 질환 59
쌀밥 194

ㅇ

아기 자세 169
아침식사 79
악어 자세 171
앉아서 옆으로 숙이기 자세 166
암 57
암연구센터 21
앱 15, 69
야식 239
야콘채소샐러드 230
양파 189
어육류군 118
엎드린 악어 자세 172
에너지 불균형 50
에너지 평형 51
SNS 17, 18
Alcohol 90
LCD 81
MSG 196
여유 심박수 137
연근닭꼬치 212
연근두부샐러드 222
연떡볶이 220
연잎 205
연잎해물파전 214
연자수삼죽 202
영양성분 196
영양성분표시 198
영양정책센터 21
영양표시제 44
one-food diet 84
오향땅콩곤약조림 216
올리고당 27
외로움 76
외식 93
외식음식 196
외식의 칼로리 94
요가 165
요가의 순환운동 178
요요현상 73, 74
우유군 123
운동강도 136
운동훈련효과 136
원발성 비만 48
웨이트 사이클링 72
위로 향한 활 자세 174
위장질환 198
유당 27
유산소운동 139
UCP(uncoupling protein) 51
유전적 요인 51
윤리성 22
이당류 27
이상지질혈증 134
이상체중 66
Empty food 90, 236
이차성 비만 48
인 34
인삼 189
인슐린 53, 57, 74
인슐린 저항성 53, 100
인지질 29
인터넷 19
일정체중 유지이론 73
임신 시 59

ㅈ

자가진단 69
자극조절 147
자기감시 145
자조모임 17
잡곡밥 194
쟁기 자세 177
저열량 95
저열량 균형식 83, 142
저열량 불균형식 83
저혈당제 62
적절성 22
전문성 22
전분 28
정리운동 137
Junk food 90
제철식품 191
조절 체중 114
주 운동 137
준비운동 137

중성지방 29
중식 93
중증비만 56
지 방 29
지방군 122
지방산 29
지방세포비대형 48
지방세포증식형 48
지용성 비타민 32
찌개 200

ㅊ

채소군 121
체중감량 113
체중미달 47
체중변화 146
체중부족 141
체중조절 239
체지방계 65
체지방과다 47
체지방량 52
체지방 측정법 63
초정밀 신체성분측정기 65
최대 심박수 137

ㅋ

칼로리 94
칼륨 34
칼슘 33
케톤증 28
케톤체 생성식이 83, 84
코브라 자세 변형 173
코티솔 100, 102
콜레스테롤 29
콩나물밥 208
QR코드 16

ㅌ

탄수화물 27
토끼 자세 166
토마토 183
토마토샐러드 224
특수영양식품 23

ㅍ

파워 워킹 179
파이토케미컬 183
패스트푸드 129
펙틴 192
포도 188
포도당 27
포만감 193
폭식 245
폭식증 98
표준체중 66, 113
피하지 50
피하지방 50
피하지방 두께 측정 64
피하지방형 49
필수 아미노산 30

ㅎ

하체비만 49
한국인을 위한
식생활지침 38
한식 93
해설성 22
행동수정 144
허리둘레 49, 69
허리 비틀기 자세 167
헤미셀룰로스 192
현재 체중 114
혈압 56
호박 185
호흡장애 59
환경적 원인 52
활동도 114
활동량 저하 55
활 자세 173
황제 다이어트 84
효율이 높은 대사 51

저자소개

장경자

서울대학교 식품영양학과(학사, 석사)

미국 University of Minnesota 영양학박사(Ph. D)

현재 인하대학교 식품영양학과 교수

"건강한 체중조절을 위한 맞춤영양" Web 강의 중

유정순

인하대학교 식품영양학과(학사, 석사)

인하대학교 식품영양학과 박사

현재 인천광역시 동구 어린이급식관리지원센터 총괄팀장

차 원

인하대학교 박사과정 중

국가공인 조리기능장, 조리명인 외 18개 자격취득

현재 서정대학교 호텔조리과 겸임교수

김민정

수원대학교 생활체육학과 학사

인하대학교 생활체육 교육대학원 석사

현재 인천지역 초등학교 스포츠강사

SMART K-DIET
건강한 체중조절을 위한 맞춤영양

2014년 4월 7일 초판 발행
2017년 9월 5일 3쇄 발행

지은이 | 장경자 · 유정순 · 차원 · 김민정
발행인 | 유제구
발행처 | 파워북
주 소 | 경기도 고양시 일산동구 호수로 358-25
동문굿모닝타워2차 529호
전 화 | (02) 730-1412
F A X | (031) 908-1410
등 록 | 1997. 1. 1 제 300-1997-13
편 집 | 북스북스

정가 20,000원
ISBN 978-89-8160-228-4(93590)

잘못된 책은 바꿔드립니다.